U0222988

速 成 读 本
A CRASH COURSE

时装
Fashion

Andrew Tucker / Tamsin Kingswell

安德鲁·塔克 / 塔米辛·金斯伟尔 著

童未央 / 戴联斌 译

生活·讀書·新知 三联书店　　生活書店出版有限公司

图书在版编目（CIP）数据

时装/（英）塔克，（英）金斯伟尔著；童末央，戴联斌译.
—北京：生活书店出版有限公司, 2014.5
（速成读本）
ISBN 978-7-80768-027-7

Ⅰ.①时…Ⅱ.①塔…②金…③童…④戴…Ⅲ.①服装 –
文化 – 世界Ⅳ.①TS941. 12
中国版本图书馆CIP数据核字(2013)第274138号

出版人　樊希安
丛书策划　李　昕
责任编辑　阚牧野　苏　毅
装帧设计　陆智昌　罗　洪
责任印制　常宁强
出版发行　生活书店出版有限公司
　　　　　（北京市东城区美术馆东街22号）
邮　编　100010
经　销　新华书店
印　刷　北京华联印刷有限公司
版　次　2014年5月北京第1版
　　　　　2014年5月北京第1次印刷
开　本　720毫米×1092毫米 1/32
印　张　4.5
图　字　01-2013-8113
字　数　164千字 图片522幅
印　数　0,001-8,000册
定　价　43.00元
（印装查询：010-64002717
　邮购查询：010-84010542）

目录

概述

虽然谁也不会像探求世界和平或脑外科手术那样郑重其事地指责时装，但无论你喜不喜欢，你的穿着总归是十分有力的证据，在所有的言语行为中最能揭示出关于你的信息。时装是部落文化不可或缺的一环，也是我们向他人表明自己身份的方式之一。所以人们对帽子、手袋等显然很表面化的配饰一直迷恋——哪怕这些东西不是自己的，这是不足为奇的。

20世纪业已被证明是迄今最具时尚意识的世纪，高销售量市场生产技术与日益发达、全面的传媒业发展，使越来越多的人得以走近时装，欣赏时装。服装业已成为大众能理解并乐意投资的一种视觉货币。

20世纪80年代见证了雄心勃勃的品牌无限的发展，以及始于20世纪60年代的模特儿们

震撼！刺激！在战后定量配给的时期，一套"新形象"（New Look）时装便使用光了73米布料。

《速成读本》怎么读

每两个页码中叙述一种服装款式、时尚趋势、个别的设计师或有相同风格的几个设计师。内容基本上按照年代顺序排列，每两页有两三个固定栏目，第9~11页上的花边文字解释了每个栏目的基本构成。

近年来近似神化的地位。时装设计师如香奈儿（Chanel）、唐娜·卡伦（Donna Karan）、卡尔文·克雷恩（Calvin Klein）的名字已经家喻户晓，妇孺皆知。意大利时装设计师范思哲（Versace）在他那豪华宫殿般的住所外被枪杀时，铺天盖地的新闻报道就是最好的注释。

体重只有41公斤的Twiggy是20世纪第一个超级名模。

时装虽说可能不是20世纪最重要的成就，但就商业意义而言它神通广大（今天的年轻人大概对Calvin Klein的内衣裤比人类登上月球更感兴趣）。我们在本书中试图把时装作为人类学、消遣，也作为艺术，走马观花地考察它的来龙去脉。

时装事实上已经渗透到21世纪每一个重大事件中，从战争到伍德斯托克音乐

说唱歌手Marky Mark与他的Calvin密不可分。

节。在一个愈来愈投入视觉隐喻的世界里，人们的仪表变得非常重要，而时装提供了途径。无法想象20世纪60年代没有迷你裙，无法想象肯尼迪遇刺时没有杰奎琳身上溅满血迹的Chanel套装，甚至无法想象越战中没有迷彩服。

时装竟然可以毫厘不差地揭示时代的情绪，为世界的情感状态提供出色的记录。我们不能孤立地看待每一个事件：第一次世界大战中欧洲男人们被灾难性地筛选了一遍，战后出现了20世纪20年代流行的孩子气的体型和扁平的胸部；20世纪70年代女权主义运动使用毛发和口号T恤当作政治宣言；即便是喜欢垫肩和蓬松发型的雅

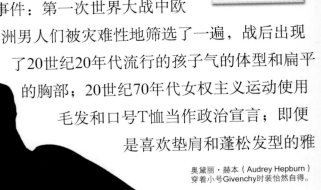

奥黛丽·赫本（Audrey Hepburn）
穿着小号Givenchy时装怡然自得。

Westwood的新款
浪漫海盗装。

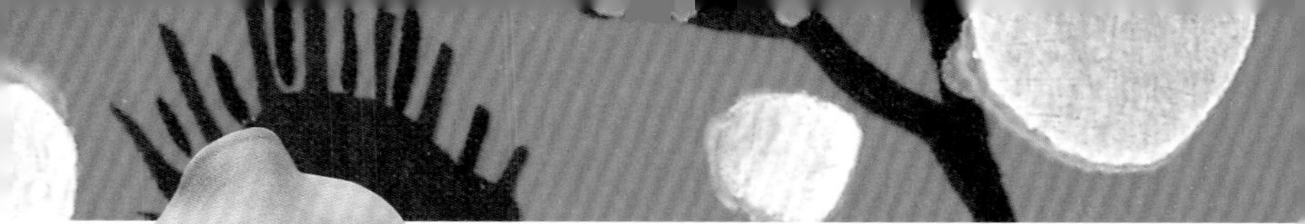

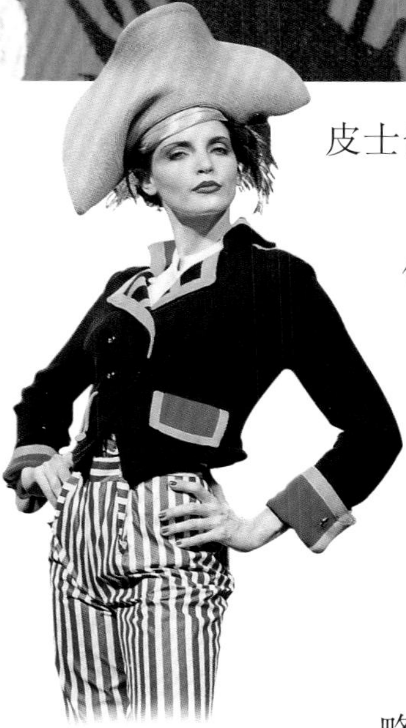

皮士也不是单纯的时装现象。

本书有选择性地力求揭示时装与时代情绪怎样像人的双手与精致的绣花小羚羊皮手套那样互相调整，忽略我们所穿着的服装的影响，不啻于忽略20世纪文化中一个至关重要的因素。

Timeline
“大事记”与其说是按照时间顺序排列，倒不如说是按照上下文编年，因为设计师和流派通常是交叉的。在每种款式流行期间精心挑选了大事记，以图解说当时的社会状况。

塔米辛·金斯伟尔

Tamsin Kingswell

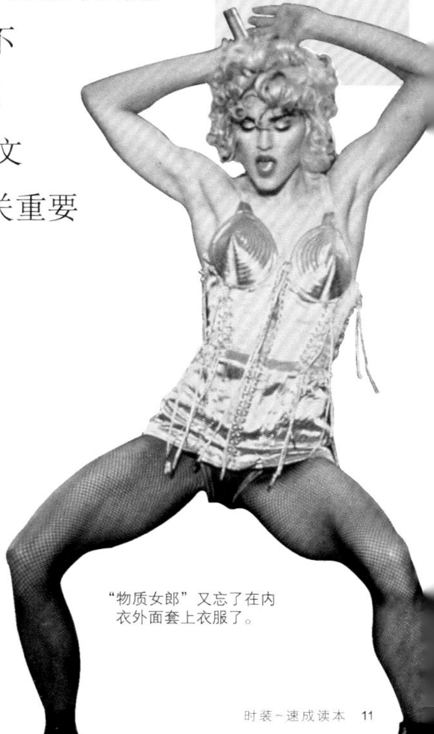

“物质女郎”又忘了在内
衣外面套上衣服了。

1851年
在伦敦博览会上，英国外科医生沃德（Nathaniel Ward）展出了一棵在真空玻璃容器里生长了20年的藤类植物，从而掀起了一股小植物栽培的狂潮。

1862年
雨果（Victor Hugo）被驱逐出法兰西之后在格恩西岛（Guernsey）家中出版了十卷本巨著《悲惨世界》（Les Miserables）。

1873年
科顿（Mary Ann Cotton）在达勒姆市（Durham）以谋杀罪被绞死。她一共杀害了20人，包括被她用砒霜毒死的丈夫和孩子。

19世纪50年代~80年代
认识Worth
时装界的第一个女服设计师

1921年在沃斯的时装发布会上，鲜艳的新衣引人注目。

当20岁的小伙子沃斯（Charles Worth, 1825~1895）动身前往巴黎的时候，谁也不会相信，这个口袋里揣着一张五镑钞票、乳臭未干的小青年即将改变时装界的面貌。这些话听起来好像是哪一本流行小说的大纲，但实际上是时装界第一个设计师的诞生。因为，这个男人好比19世纪中叶的宫廷和贵族的裁缝一般，开创了服装发展潮流和衣着品位。

在最残酷的高卢人的城市当中，时装的奠基之父是个英国人，这多少有点嘲讽意味。沃斯慕名来到巴黎，进了当地最著名的丝绸商Gagelin公司。在该公司工作的11年间，他筹划了服装行业的第一次时装发布会，模特儿们身穿简洁的服装，以更好地展示公司出品的丝绸，这一举动把全男性的堡垒变成了一个时装热卖场。这些简单的创作，很快为历史上第一批盲目跟随时装潮流的顾客（fashion victim，即时装受害者）所追捧。其结果是，沃斯建立了第一家时装设计工作室，尽管他的雇员们有所保留，工作室很快便成为19世纪妇女的时尚精品店。

沃斯的名气愈来愈响，1858年他决定单干，与原公司的一位同事合伙开了一家店铺，有点像维多利亚时代的Dolce & Gabbana。成功接踵而来，最后他甚至得到了欧仁妮皇后（Empress Eugenie）的眷顾，她是那个时代的杰奎琳·肯尼迪，她随便做出决定，选择一种布料，即可改变纺织工业的命运。沃斯惊人的成就还包括为萨冈公主（Princess de Sagan）度身定做传说中的孔雀服，这

丰厚的利润
沃斯获得了巨大的成功，到1870年他已雇用1200多个女裁缝，每周生产出数百件衣裙，年净利润达40000英镑。尽管一些最显要的名人客户的裙服所需的面料要由设计师本人掏腰包，但这种微妙的广告形式，同时也给沃斯带来了大量时髦而富有的女主顾。对一个曾经睡在柜台下边的小伙计来说，他的运气可真不错。

1877年
范德比尔特
（Cornelius
Vanderbilt）在
遗嘱中留下破
纪录的1亿美元。

1880年
欧洲最大的科隆大教堂
（Cologne Cathedral）
历经634年的建造终告竣
工。

1889年
一家乔治亚服装店在当地
报纸上刊登广告，每日一
则，至1987年8月，共登出
35291则广告。

小心可不要跌倒！对在公园里的秘密约会来说，这可不是最实际的打扮。

件为1864年的"动物舞会"制作的晚礼服，是一件充满异国情调的羽毛衣，有栩栩如生的头饰，还有沃斯在Gagelin店中已初露端倪的民族服装的谦恭演绎。

19世纪60年代的暴发户们对沃斯昂贵而夸饰的优雅裙服需求量很大。沃斯并不是徒有虚名，他将裙腰改低、裙身加长，废弃了披巾和女帽，推出19世纪后期女服的两种特色：蓬松的半截裙和腰垫，从而使女性的身材轮廓更突出。他的公司主要是家族经营，1954年被一个竞争对手竞价收购。但是今天，沃斯作为第一个举行夏季和冬季时装发布会的设计师、第一个启用真人作模特儿、第一个销售他自己设计的服装

裁剪样板给海外市场的先行者（收取订购支票和邮寄订单），而被我们永远铭记。也许会有人说，他的设计看起来更像一部服装史，不大像高级时装，但是他的设计理念——比如将皇后的裙长缩短了25厘米——在当时，犹如让今天的女王穿上超短热裤，让帕米拉·安德森（Pamela Anderson）穿上松垮垮的T恤一样是激进前卫的。

维多利亚时代的暴发户们乱哄哄地挤在高级时装店里。

1850年
出生在美国的孩子只有一半能活到5岁。

1889年
格拉斯（Louis Glass）进一步发展了爱迪生发明的留声机，增加了一个"投币收听"的投币孔。

1895年
一天早晨，德文郡的居民们发现了雪地上神秘的脚印，是两足动物留下的，八英寸长，两英寸宽。当地居民认为这是魔鬼的脚印。

1850年~1914年
束紧的胸垫与腰垫
维多利亚时代的内衣

男管家看到了什么：一层又一层毫无必要的衬裙。

真是好奇怪，维多利亚时代女士们所穿各种内衣的重量居然没有使她们屈服，这也同时解释了嗅盐的妙用。19世纪50年代的女子们不得不套着一层又一层的束缚：先是长内裤，法兰绒衬裙，内衬裙，用鲸骨撑起长及膝盖套上膝垫的衬裙，一层白色的上浆的衬裙，两层纱布衬裙，最后，才是裙子。

硬衬布衬裙登场，一种由轻金属或鲸鱼骨做成的衬裙面市，虽然受到新闻舆论的苛评，但犹如吹进一缕新鲜空气，确乎好得多了。硬衬布衬裙的问世应当归功于沃斯（见第12~13页），它的起源目前还有争议，但到了1860年，维多利亚时代的女人如果没穿上硬衬布衬裙，那真是死不甘心。硬衬布衬裙好像还不够可笑，由于用系带束腰不可或缺，女士紧身胸衣的发展达到了不切实际的限度（假如你不在乎在某些令人尴尬的时刻晕过去，你也可以束成45.7厘米的腰身）。

紧身衣强调了女人的乳房，胸部（除去重要器官）全被往上推起，显得突出。甚至有人第一次对粉红色橡胶人工乳房感兴趣（相比今天的硅胶似乎不那么有侵入性）。19世纪70年代早期，一种古怪的钢架子，美其

吉布森女郎

插图画家吉布森（Charles D. Gibson）于1890年创作的人物"吉布森女郎"，是一个高大、美丽、丰满的完美形象，经常从事健康的活动，诸如轻快地骑着自行车什么的。许多制造商拿她的形象作招牌，1907年，齐格菲歌舞团（Ziegfeld Follies）就演出了名为《沐浴的吉布森女郎》的时俗讽刺剧。

S形紧身衣在它最盛行的时候，对女性的背部造成了无法想象的伤害。

1899年
美国妇女的服装价格如下：裙子4美元，衬衣35美分，紧身衣40美分，真丝衬裙5美元，小珠串钱包59美分。

1901年
无政府主义者Leon Czolgosz在水牛城泛美展览会上向麦金莱总统开枪，同年该刺客被判处电椅死刑。

1905年
巴甫洛娃（Anna Pavlova）在圣彼得堡表演《天鹅之死》。

名曰腰垫的东西被绑在腰部，以衬托女人身体后面突出的臀部。这些东西太束缚了，难怪有些女人拒绝使用这种让人难受的累赘，而拉斐尔前派（Pre-Raphaelite）的画家们热衷搭救，掀起了一场美学运动，画了许多长发飘垂、胸前满覆花朵的女子形象。

一步改善，使它变得更柔软、更符合乳房的形状，主要环绕乳房两边并突出轮廓。因为半截裙子变窄了，衬裙也随之调整，成了一条不那么臃肿的精致圆形衬裙；而散开的内衬裙继续被穿用，直到第一次世界大战期间（或者直到Ann Summers开始举办舞会的时候）才被永久地缝起来。

罗塞蒂的《白日梦》（1880）中，一切都松松垮垮地垂下来。

紧身衣被废，人们开始采用卫生的羊毛内裤，有柔软胸罩的紧身胸衣也开始流行，可以舒出一口气了。19世纪80年代，耶格尔（Jaeger）博士发明了贴身穿着的更舒服的羊毛织物，包括无性别的弹力内裤和连衫裤。但你无法长时间地阻止女人耍弄小花招，爱德华七世时代人们对于S形紧身衣的疯狂追求更是登峰造极，女人个个都像那个时代的完美典型"吉布森女郎"（见第14页栏中文字）。

胸罩在1912年开始使用，但和今天的式样不大相同，更像一个束胸的新玩意儿。后来被美国的玛丽·菲尔普斯·雅各布（Mary Phelps Jacob）进

1892年
作曲家、抒情诗人、出版家哈里斯（Charles Harris）在他的《如何写作流行歌曲》一书中发出警告："歌曲的风格犹如女帽的款式一样变化极快。"

1933年
里维拉（Diego Rivera）为纽约无线电城音乐厅创作了壁画《十字路口的人类》（Man at the Crossroads）。

1981年
加拿大阿尔伯特省新开了一家购物中心，包括800多家店铺和11家大百货公司，是世界上最大的购物中心。

1900年～20世纪90年代
认真的购物
百货商场

在我看来，购物作为休闲娱乐的一种方式，可视为20世纪最伟大的发明。爱德华时代的大殿堂首先被用作商业用途——变成了金碧辉煌的百货商场。

买啊买啊，直到拿不动为止。

时髦到脸上

早期时装店的受欢迎程度，全看它们有多快从巴黎进口最新款式。埃德文·古德曼经常外出当买手，1928年，德伯汉姆成功地为法国进口晚装做了广告。店内的时装设计师开始仿做新款法国时装，提供较为便宜的仿制品。（但令人沮丧的是，街上的小摊贩们也学会了这一招，叫嚷着："Chanel五号香水，只要两镑一瓶！"）不过，到第二次世界大战的时候，巴黎时装的统治地位受到了威胁，美国的设计师们如克莱尔·麦卡德尔（见第64页）带来了更美国化的款式。今天，时装店的服装来源于世界各地。

英国很多知名的时装店脱胎于传统的零星服饰用品店，而美国是在五金店的基础上发展而来的，百货店给大众提供了走近时装的机会。20世纪初期，一些企业主注意到，愈来愈多的人开始具有时装意识，有些女子甚至拿自己的工资去购买新装，精明的商人遂建造了大型销售中心。

20世纪初，裁缝师赫曼·伯格多夫开始和埃德文·古德曼合伙经营，他们设在纽约第五大道的商场至今还是购物者心中的圣地。1907年，赫伯特·马库斯与他的姐姐、姐夫蒙夫妇一起创办了Neiman Marcus，为德州的石油新富提供最新时尚。在英国，Harrods从1849年的一家杂货店发展而来，在1898年率先引进了大服装商场必不可少的自动扶梯，方便了拎着多个购物袋四处逛的顾客。1908年，

这么多选择，时间却又这么紧：一个购物者站在纽约Bloomingdale店门外举棋不定。

1983年
伦敦爱尔兰共和军（IRA）的一枚汽车炸弹在哈洛兹百货公司外面爆炸，造成6人死亡，90人受伤。

1994年
加拿大萨斯喀彻温省长者会缝制了世界上最大的棉被，长47.2米，宽24.9米。

1995年

沃尔玛公司不得不赔偿5000万美元给声称受到性骚扰的雇员吉木泽（Peggy Kimzey）。

场战略（和不可或缺的购物袋），以期靠特色求生存（从而商品价格攀升）。

开创先河：爱德华时代的女士们因为Harrods店大减价而匆忙赶至。

Debenham & Freebody在生意鼎盛时期重建，评论描述新店好比"宫殿"一样，它是世界上最好的百货商场之一。

对大型商场而言，那是一段宁静的日子，各商店以极快的速度从巴黎船运成衣过来，引入现代橱窗摆放的观念，以粗笨难看的塑胶人体模特儿，还有巨大的工作车间满足顾客的各种要求。但到了第二次世界大战，综合性的商场如马莎（Marks & Spencer）开始动摇专卖店的统治地位。到20世纪80年代，几家驰名老店如Saks、Harrods、Harvey Nichols、Bergdorf Goodman为把自己与综合性商场区分开来，纷纷打出著名设计师的名字作招牌，提高自己的知名度，并采用有创意的市

STYLE ICON

*Selfridges*建于1909年，在伦敦中心地区的牛津街，这家顶级时装店是美国人高登·塞尔福瑞吉斯梦想的产物。当其他时装店还在缓慢发展的时候，他特意从零开始做起，在正式开张以前，原120名员工已被雇用了数月。店铺开张在全国性的报刊杂志上刊登了104页的广告，鼓励消费者花整天的时间在店中浏览，享受购物的乐趣。*Selfridges*内部的装修完全是今日时装店的典范：霓虹灯闪烁、播放音乐、鲜花，当然少不了热情的店员们向毫无防备的往来行人们喷洒香水。*Selfridges*太有先见之明了，整个店面的基本设计多少年来不用做什么改动，直到1997年，才搞了一次表面的翻新。

既然Selfridges店为我们提供了不可超越的购物天堂，谁还需要宗教呢？

1896年
《科学美国人》报道说既然人们在自行车上花了这么多钱，珠宝商和手表工人要失业了。

1917年
专家们无法解释一个15岁的小女孩拍摄的她的表妹与一群精灵跳舞的照片。到1983年，这位表妹才承认她们作了弊。

1929年
英国彼得伯勒（Peterborough）的Ethel Granger十年间把她的腰围从55.8厘米减到33.02厘米。

19世纪90年代至现在
在家中购物
邮购速递时装

邮购时装这一独创的概念于19世纪90年代左右在美国出现。由于美国幅员广阔，许多潜在的顾客不可能经常光顾时装店，一批商家不约而同地想到印刷最新款式的服装目录，或在报纸上做整版广告，好让新款服装信息能够迅速发送到全国各地。虽然，邮购的服装好像总没有模特儿身上穿的漂亮，袖子又总是那么短，饥渴的时装顾客还是喜滋滋地汲取目录上的信息，如久旱逢甘霖。

你要的紧身衣用快马速递！早期邮购目录。

Sears的邮购目录供应轻便的滑雪套装。

邮购服务很快就变得更加高级。Siegel Cooper公司声称，全美国的女子都应该能得到新颖别致的、与"巴黎著名的Paquin时装屋"不相上下的款式；1908年，Sears所提供的"高雅的蕾丝花边衬裙内衣"只要6美元一件。Sears Roebuck不久即成为美国最大的邮购公司，并且从那以后不断为美国最偏远的地区运送时装。

早在1870年，英国的Debenham & Freebody邮购服务就开始提供从定制到成衣的全套服务，但英国的邮购没多久就成了上年纪的女性工薪族的领地，邮购是获取批量生产便宜服装的

1932年
《家庭圈子》（Family Circle）杂志创刊，在美国各大超市分发（销售）各种家庭适用的美味食谱。

1954年
只有154个美国人年收入超过100万美元，而在1929年，则有513人。

1987年
美国一家报纸为一种瓶塞开启时能演奏"铃儿响叮当"的伏特加酒做广告。

方便渠道。20世纪60年代，Freemans公司试图打破这种年龄分歧，遂雇用流行歌星露露（Lulu，在1969年欧洲歌唱比赛中以《Boom Bang-a-Bang》一曲风行一时）来增强对年轻人的吸引力。

邮购公司对名牌产品恰到好处的引荐，引起了人们观念上的微妙变化，到20世纪80年代，通过目录购买的女装和童装已占总销售量的13%。Jasper Conran, Benny Ong, Joseph, Red or Dead, Vivienne Westwood和Betty Jackson都曾在邮购目录上施展魅力。此外，专有品牌目录也在增加，包括Racing Green和Boden。一些百货店，如马莎百货一跃成为龙头老大，用印刷精美、休闲款式的照片目录，诱惑那些时间匆忙的消费者心甘情愿地掏腰包。

矮小的格拉斯哥歌手露露用她的大嗓门提高了Freemans的时装形象。

电视机

当下越来越多的购物频道出现在有线电视上，选择已势不可当，但是商品的质量在同类产品中未见得最好，价格也没有可比性。QVC是当时英国14K金饰最大的销售商，同时还出售服装和家庭用品。二流名人正在拼命插一杠子，假如你够幸运的话，当伊凡娜·特朗普（Ivana Trump）用歌声报出亮闪闪的服装首饰的价钱时，你没准儿会遇到自己喜欢的。对整天坐在电视机前无所事事的懒人来说，这倒也不错。

电子购物

无论是通过电视购物频道、CD-ROM还是互联网，电子购物系统很可能是今后家庭购物的发展方向。一些公司如La Redoute、Freemans正在尝试电子购物，许多设计师都有自己的网页，你使用有效信用卡即可从网上购得新款时装。虽然不是所有的网址都会做交易，但是，购物会变得非常容易，而且不仅仅局限于购买难看的海军蓝厚棉大衣，这只是迟早问题。

FASHION ESSENTIALS

名扬天下的英国零售商店马莎百货于1894年开始营业，但直到20世纪80年代才设立邮购服务。今天马莎的家庭邮购目录出售各类服装，免得顾客为买一条便裤、几套高质量的内衣裤，而不得不拖着一双酸痛的脚逛来逛去。

马莎印刷精美的时尚目录加入了邮购大战。

1900年
在美国，布鲁克斯（John Brooks）受英国玩马球的人启发，发明了领尖上钉有纽扣的衬衫。

1931年
一则广告请读者试着解开再系上马甲上的纽扣，如不能在12秒内完成这两个动作，该广告建议，你的神经不够健康，应该试试香烟了。

1942年
勒巴朗（Percy LeBaron）发现，用来传递信号的微波把他装在裤子口袋里的一块巧克力融化了，所以，微波也可被用来烹制食物。

19世纪至现在
像绅士一样预定
最好的剪裁

从布鲁梅尔（Beau Brummell, 1778~1840）的时代起，Savile Row这条街即成为优雅男式服装的堡垒，是不列颠定做与专做定制服装的裁缝业中心，并享有国际声誉。爱德华八世毕生都是着装能手，而当王尔德声称，男人的首要责任便是经常去找他的裁缝，毫无疑问，他心中想到的一定是Savile Row。

想在时装业发展的每一个年轻人的梦想：伦敦Savile Row盛气凌人的建筑物。

FASHION ESSENTIALS

专门定制服装生意的Gieves & Hawkes已有200多年的历史了，起先主要为军官和绅士们服务；现在虽然业务扩展到成衣制作，但也有定做服务；Huntsman从前为上流社会会定做长裤，也做骑马外套演变而来的很有特色的贴身夹克；Kilgour French & Stanbury专营手感光滑的羊毛织物，纯正美利奴细羊毛、羊驼毛、开司米织物；为皇室成员裁衣的哈代·阿米斯（Hardy Amies），在14号他的经典工作室打下了基业。

英式做工考究的男西服在Savile Row发展成熟已200多年，在这里男式服装被当成一门手艺，他们为个人定制的衣服，即使最胖的男人穿上也会使他的身材显得完美。20世纪30年代，Savile Row服饰达到了鼎盛时期，他们除在传统的基础上进行革新外，同时开发出多季节穿着的法兰绒套装。战后，Savile Row复苏得很慢很艰难，尽管有一些政客和麦克米兰、肯尼迪几位总统的大力扶助（也许这恰是复苏困难的原因）也无济于事。

20世纪60年代Savile Row已被时髦的Carnaby街领先，后者成为新的霸主，对男人着装方面的变化，他们没能作出足够的调整（Savile Row的裁缝无法处理Y字形内衣裤和系腰带的长裤的裁剪问题）。就连为Mick、Bianca Jagger和Twiggy等大明星做衣服的Tommy Nutter也未能挽救他们。（虽说披头士们并不是以迷恋细条纹的服装著名，但他们仍在Savile Row的三号苹果工作室录音。）

20世纪80年代由于雅皮士热衷炫耀衣服，高级定做服装复兴，今天仍被视为英

1956年
茱莉·安德鲁斯和雷克斯·哈里逊因在音乐剧《窈窕淑女》中演唱《明早我要结婚了》《英国人为何不教孩子怎样讲话？》而一举成名。

1978年
因与印刷工会的争端，《泰晤士报》和《星期日泰晤士报》停刊11个月。

1984年
体重368.3公斤的雅内尔死去的时候，消防队员不得不推倒他卧室的墙壁，把他的尸体拖出来。

GOSSIP

加里·格兰特（Cary Grant）总是在Kilgour French & Stanbury定做西服，他们会把垫肩加高，好让他的大脑袋显得较小。20世纪20年代，Jack Buchanan不惜飞过大西洋到Scholtes取他定做的衣服。但并不是好莱坞每个传奇人物都被Savile Row著名的势利眼看上，Fred Astaire想请威尔士王子的裁缝Hawes & Curtis为他做衣服时，遭到了断然拒绝，理由是他是表演业的。Fred不得不跑到Anderson & Sheppherd，这家店铺就算不是王子经常纡尊惠顾的，好歹也算是Savile Row的一家。

在Gieves & Hawkes庄严的大门里面，可以观察到一丝不苟的传统。

女性也赶来凑个热闹，可是裁缝师若是看到不打领带穿着的西装，一定会在他们的坟墓中辗转反侧。

国最大的风格表现之一，当然啦，定做的产量不会多。海外顾客的支持对Savile Row的成功至关重要，这条街生产的西服当中有四分之三都是被海外游客买走的，他们付得起定做一套西装至少需要的1000英镑价格。

英国新一代的裁缝师奥斯瓦尔德·博阿腾、蒂莫斯·埃弗勒斯特、理查德·詹姆斯、马克·鲍威尔继承了Savile Row的精神，为它注入了活力，是他们将Savile Row的款式，和为热切的新生代定做的西服变成了时尚。

1900年

在西伯利亚的永久冻土带发现了一头冻僵的猛犸象，直挺挺地站着，胃里还有未消化的食物，嘴里含着新鲜的毛茛属植物。

1909年

Selfridges时装店在伦敦的牛津街开业。

1920年

克罗伊登（Croydon）机场成为起降往来欧洲大陆航班的伦敦机场。

1900年至现在
风雨衣与长筒靴
乡村休闲

保护不列颠主要出口产品：Burberry风雨一百年。

为女王陛下效劳

丘吉尔、戴安娜·曼纳斯（Diana Cooper），吉卜林，柯南·道尔爵士，哈里·劳德（Harry Lauder）爵士，毛姆（W. Somerset Maugham），梅尔巴（Dame Nellie Melba），萧伯纳，米尔恩（A.A. Milne），波拉·尼格丽（Pola Negri），阿尔·乔生（Al Jolson），玛琳·黛德丽，凯瑟琳·赫本，简·芳达，彼德·法尔克，达斯汀·霍夫曼，布什（George Bush），里根（Ronald Reagan）和施瓦茨科夫（Schwarzkopf）将军。在很有代表性的皇室和权贵的圈子里，Burberry所拥有的皇家客户包括欧洲的22位男女国王、14位东方君主和319个贵族。该公司骄傲地向人们展示伊丽莎白女王陛下和威尔士亲王殿下的授权书。有这样骄人的、声誉卓著的传统和业绩，Burberry甚至能够跻身《牛津英语大词典》。（在词条bur和burble之间。）

尽管威斯特伍德（Westwood）、麦昆（McQueen）、加利亚诺（Galliano）这样的设计师代表了不列颠的新人类（参见第136~137页），但他们的传统并不是植根于实验性的设计之中，而在于坚固的风雨衣、花呢猎装和翠绿色的威灵顿长筒靴。一想到不列颠的乡村，我们的印象是Barbour短外衫，马金托什风雨衣和粗野的、长着两颗大板牙却从没有听说过"正牙医师"这个词的村夫野老，沿着乡村小道缓缓踱步，身旁跟着一对撒欢儿的纽芬兰拉布拉多犬。

平均每年有10万件Burberry牌马金托什风雨衣销往世界各地，绿色涂蜡Barbour短外衫自1870年就有了。这两种衣服源于苏格兰人马金托什（Charles Mackintosh, 1760~1843）。1830年他将煤焦油与橡胶混合制造防水布的技术发扬光大，此后就被用

不列颠的统治阶级与马匹密不可分（甚至有些人的长相就像马）。

1937年
英国开始采用"999"这个电话号码作为报警、火警和急救电话。

1951年
最早的超级市场在伦敦的Earl's Court开了第一家英国超市连锁店。

1975年
Sloane Ranger这个词汇出现，特指伦敦上流社会的年轻子女，在伦敦和乡下有别墅，穿着昂贵的休闲装。

来套在透水织物的外面。如此一来，雨衣之类的衣服迅速流行开来，不过这种衣服样子臃肿，气味异常难闻。

毋庸讳言，自敞篷马车和福尔摩斯小说的时代以来，马金托什风雨衣已经变得高级多了。今天它不仅成为衣架上抵御狂风暴雨的必备之物，更因为它超出传统意义的多样性而成了时尚。从经典的Burberry、Aquascutum雨衣到Louis Vuitton的豪华新款，马金托什风雨衣不但适合公园里喂鸽子的老太太，也同样适合明星名流（以及溜得飞快的露体狂）。著名的典型还有穿着深灰西装、雨衣的城市商人；以及穿休闲装的上流社会女子，对她们来说，Barbour上衣是被社会承认的标志，戴一串珍珠项链，穿开司米（cashmere）两件套，还少不了故作浑厚的口音。

20世纪90年代，乡间服饰重新焕发了青春，Burberry雇用前度Montana和Jil Sander的设计师麦尼切迪（Roberto Menichetti），来重新调整乡野形象，为更都市化的主顾提供一些新

STYLE ICON

★

穿Burberry的电影明星：奥黛丽·赫本，亨弗莱·鲍嘉·加里·库柏，琼·克劳馥（《命限今朝》Today We Live, 1933）★雅克·塔蒂（《我的舅舅》Mon Oncle, 1958）★乔治·佩帕德（《爆破死亡谷》Operation Crossbow, 1958）★朱丽·安德鲁斯（《冲破铁幕》Torn Curtain, 1966）★乔治·C·斯科特（《巴顿将军》1970）★罗伯特·米彻姆（《再见吾爱》Farewell My Lovely, 1975）★梅丽尔·斯特里普（《克莱默夫妇》, 1979）★迈克尔·道格拉斯（《华尔街》, 1988）★沃伦·比蒂（《至尊神探》Dick Tracey, 1990）★在拍摄《粉豹》期间，彼德·塞勒斯有两件Burberry，以防拍摄过程中哪一件不慎损坏。

东西。结果是预告了一个新的乡村服装市场的来临，发布会上的时装面对的主要对象不是乡间绅士，更多的是为他们时髦的女儿设计的。毫无疑问，Range Rovers越野车、头巾、威灵顿长靴在乡村地主的生活中总是扮演着重要角色，不过也许应该给他们灌输一点时尚意识了。

1909年
赖特（Frank Lloyd Wright）建造完成了芝加哥著名的Robie House，该大楼悬垂的房间经过周密计算，冬天可得到最充足的阳光，夏天又可充分享受阴凉。

1910年
第一次庆祝父亲节，这是多德夫人的主意，她的父亲在年轻的妻子死后独自将六个孩子抚养成人。

1911年
伯林（Irving Berlin）谱曲的歌《人人都在做》（Everybody's Doin' it），使火鸡舞风行一时。

1912年
德国Rowenta公司生产出第一台电熨斗。

1909年～1914年
穿着的艺术
芭蕾舞、插画与古物

Nikolai Cherepin的《Narcisse》，穿着印花的雪纺绸衣裙与缠人的大蟒搏斗。

20世纪初是巴黎激动人心的年代。作为艺术与表演的中心，巴黎拥有至高无上的统治地位（并且从不讳言向世界宣示）。这里到处都有艺术，把最新的艺术倾向转换成时装展览会的片段，这种可能性使时装设计师们激动不已（转换想法比自己从头去想要容易一些，但我确信这并不是问题的关键）。

STYLE ICON
★

和马蒂斯（Matisse）一起以野兽派运动创始者而闻名的**杜飞**（*Raoul Dufy, 1877～1953*），在精巧的修饰、奇妙的色彩感方面是个天才，所以受到时装界的喜爱。普瓦雷立刻接受了他，他则为普瓦雷研制出了与他的艺术化风格时装十分协调的印花和染色技术。杜飞为法国一家纺织品公司工作，在真丝和锦缎上设计异常大胆的花纹图案，这和他野兽派风格的绘画有着直接的联系。

插图画家伊里巴（Paul Iribe, 1883～1935）是将艺术与时装融合的开创人物，在他为普瓦雷（Paul Poiret, 1879～1944）创作的小册子中，浓缩了设计师视觉信息的精华。伊里巴自己的设计影响非常之大，Paquin夫人（又名Jeanne Beckers, 1869～1936，她看到一种样子，就能判断其能否走红）甚至把几幅出色的插图买走变成了套装。

1913年
纽约人第一次看到立体主义的画作,画展包括杜尚〔Marcel Duchamp〕的《裸体的下降楼梯》〔Nude Descending Staircase〕。25万人参观了画展,绝大多数人对立体派作品深感不安。

1914年
赫莲娜·鲁宾斯坦〔Helena Rubinstein〕首次采用防水睫毛膏和含有药物的面霜。

不单是艺术,演艺同样给世纪之交的设计师们带来了灵感。最重要和受欢迎的俄罗斯芭蕾舞团1909年第一次在巴黎演出,还有斯特拉文斯基〔Stravinsky〕的《火鸟》(1910)也充满启发性。芭蕾舞演员尼金斯基〔Nijinsky〕轰动了整个巴黎,他那极具异国情调的服装使巴黎的时装界(以及无法计数的追星族)神魂颠倒,普瓦雷很快就采纳了他的着装风格。

此外,也有人对古希腊和克里特的美学观产生兴趣,马里亚诺·福尔图尼〔Mariano Fortuny,1871~1949〕的著名披巾就是从20世纪早期发现的克诺索斯〔Knossos〕上汲

FASHION ESSENTIALS

莱昂·巴克斯特〔Léon Bakst,1866~1924〕为俄罗斯芭蕾舞团设计惊人的演出服装,他喜用浓烈的色彩,深受东方影响,与当时结构严谨、用鲸骨撑起的衣裙形成强烈对比。普瓦雷举行了一次盛大舞会,庆祝俄罗斯芭蕾舞团的服装风格。但不久,两个人就为到底是谁创造了新近流行带异域情调的时装而争吵。但不管谁对谁错,有一点肯定同意:是巴克斯特使"每个女子都打算装扮得如同东方闺房里的奴隶一般"。他的经典设计是头巾式女帽,扎脚管宽松女长裤,嵌花刺绣织物。

普瓦雷正在检查新晚礼服的胸部是否合身(只在一天内就做完了)。

普瓦雷设计的窄裙,约1915年。

取的灵感。福尔图尼继而翻版改造古典的服装,其中一例,就是舞蹈家邓肯所喜爱的著名的"Delphos"长袍(在她还没有过分青睐飘逸的面料之前)。

1904年
"女性的完美典范"
吉布森女郎（The Gibson Girl）搞得爱德华时代的女性又是骑车又是打网球。

1922年
西班牙人卡拉索（Isaac Carasso）在预先包装的酸乳酪中加上水果。

1935年
卡罗瑟斯（Wallace Carothers）发明了后来被称为尼龙的"合成纤维6.6"。

1900年至现在
长筒袜
修饰美腿

作为衣饰配件来说，自打约翰逊博士宣称袜子勾起他"色情的欲望"以来，针织袜在广告宣传中所占地位优越。袜子的广告如同巧克力、洗衣粉和速溶咖啡一样铺天盖地，妇女们在腿上的穿戴成了整个20世纪的一桩大生意。

如何把腿包住：为你的商品做广告。

第一次世界大战之前，良家妇女全都穿着黑色羊毛袜，穿白袜被视为"放荡"。不过，到了20世纪20年代，印花长筒袜风行一时，蛇形线条加上圆的脚踝，不同的颜色也随之出现：天蓝色、肉色、黄色等。丝袜和人造丝袜大量供应，不过制造人造丝袜的技术问题（人造丝袜一旦湿水就很容易破——可是有什么东西不是这样呢？）多少影响了外观。

到30年代，一种橡胶松紧绳被用在齐膝高的短袜和长袜上，不过，吊袜带还是最安全的（也是最好玩的）系袜子方法。袜子的颜色也更大胆多样，各种颜色从古铜色到透明蓝色都有。但真正改变了市场的是尼龙，第二次世界大战期间尼龙的缺乏使它身价倍增。不久，就有15款新式样的尼龙

老奶奶必定意想不到，钩针编织——穿在60年代的腿上！

1954年
新西兰15岁的哈姆和16岁的帕克用裹在丝袜里的砖头杀死了帕克的妈妈。

1973年
《时尚》（Vogue）毫不含糊地声称"被造起来的膝盖真过时"。

1987年
西西里黑手党的审判结束，452名被告中有338人被投入大牢，19人被判死刑。

晒成棕褐肤色的美国人

Chanel和美国富人Murphy夫妇早在1922年便开创了晒日光浴这个潮流。突然间，再不会有人对着棕褐色的袜子大喊"乡巴佬"，而是嚷嚷"信托基金"！有了这种态度上的转变，黑色长袜便降格到夜晚和葬礼上才会穿的地步。棕褐色的双腿成为Mode du Jour并且继续统治着市场，直到如今。

袜，这肯定是那个时代最难能可贵的了。

连身裤袜

20世纪60年代迷你裙开始走红，预示着短袜工业低迷时期的来临，因为很多人认为裸露的大腿穿着裤袜更合适一些（我不知道为什么）。然而风水轮流转，70年代长裤大行其道，裤袜受到冷落，促使短袜市场欣欣向荣。同时，由于有了更有效的生产技术（这是成功的阶梯吗？），传统的精美昂贵的丝质长袜遂被重新引进。

20世纪80年代初，由于威尔士王妃戴安娜酷爱穿踝部装饰着小蝴蝶的袜

想让袜子线缝保持笔直并不困难：只要直挺挺站着不动即可。

阔边帽与美式棕色连袜裤：显然是1970年代的时髦选择。

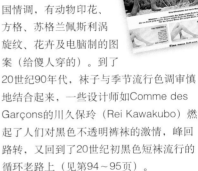

裤，在她的推动下，饰花袜裤再度流行，颜色更丰富，花纹更具异国情调，有动物印花、方格、苏格兰佩斯利涡旋纹、花卉及电脑制的图案（给傻人穿的）。到了20世纪90年代，袜子与季节流行色调审慎地结合起来，一些设计师如Comme des Garçons的川久保玲（Rei Kawakubo）燃起了人们对黑色不透明裤袜的激情，峰回路转，又回到了20世纪初黑色短袜流行的循环老路上（见第94～95页）。

FASHION ESSENTIALS

迷你裙大肆流行的时候，相配的长筒袜亦随之变得必不可少。不规则网眼纹、鱼网纹和起先很小后来变大的蕾丝花边，微型小网眼尼龙成为袜子的主要面料。玛丽·匡特早在1965年（参见第84～85页）开办了她自己的名牌袜子系列。1967年她开始设计枝状花卉图案和带有她著名的雏菊商标的连裤袜（哇，好甜蜜）。

1917年
本年一些新词汇如迷彩（Camouflage）、不守规则乱穿马路（jay-walk）等开始使用。

1929年
家乐氏公司将卜卜米（Rice Krispies）投放市场，据说这种食物会在碗里啪啦啪啦响。

1939年
英国格拉斯哥宣布在公众场合玩飞镖非法，这种游戏太危险。

1914年至现在
穿衣杀人
军服式风格

现代战争的开端目睹了世界各地的军服仍然墨守着19世纪过时而不实用的仪式性服饰样式，既不能避开军服的变化，也不回避它以各种形式对主流时装造成的冲击。

大衣很好

20世纪50年代，军队首先决定让大众穿着他们的军服，一时间，在各大城镇，特别是大学城，出售军用剩余物资的店铺如雨后春笋。连帽粗呢大衣、轰炸机短夹克、军用背包、毛皮镶边飞行夹克、迷彩裤和笨重的大黑军靴，早在被搬到天桥时装发布会之前，就已成为居住在寒冷公寓里的穷大学生们主要的御寒装备了。

有这种姿态和靴子的女子，在20世纪90年代都穿上了松身大衣。

头盔成了第一次世界大战的堑壕中的救命法宝，然而英国军官仍固执地坚持戴着很有特色的低顶圆帽和窄窄的武装带，虽然这两样东西往往成为狙击手攻击的目标。而同时，你怎么也不能说服德国人摘下带钉子的头盔，这种头盔必须蒙上一块布，以便在战斗中不太引人注意。

1915年，法国军队决定把鲜艳的红裤子改成不那么讲究的天蓝色，虽不像英国人的卡其布那样更实用，但能够让军队和蓝天混在一起，只要受到袭击的时候不是上下反转就行。1917年的沙漠之战导致某些可笑的低劣军服的出现，如盖住苏格兰士兵所穿褶裥短裙的卡其布围裙，以及为新来的美国大兵设计的宽檐帽。

第二次世界大战期间，军服有了一些有趣的、个性化的悄悄转变。美国夏威夷的海军穿上白色T恤（以便尽量吸收腋窝下的汗水），戴着蓝色围巾；美军轰炸机飞行员则穿着毛皮的夹克，以抵御没有供热的机舱里的寒冷，开了今天人们穿皮夹克

1942年
美国海军开发新产品
"T恤",意图让腋窝
下的汗水被吸干。

1946年
第一批装载现役军人新娘的
船只离开英国南安普敦,和
她们在美国的心上人团聚。

1976年
美国西点军校第
一次招收女生。

的风气之先河。日本兵打着到膝盖的裹腿,别具一格的军帽(有帽舌和耀眼的红色星星)是第二次世界大战中难忘的景象。

有趣的是,军服也是导致希特勒在苏联前线失利的部分原因,习惯了严寒的苏联红军戴着针织帽,裹着羊皮大衣,穿着毛毡里儿的靴子,而野心勃勃的希特勒为了

20世纪30年代的莫斯利黑衬衫,温文尔雅的拉丁情人从此即模仿这个形象来增添魅力。

FASHION ESSENTIALS

由于战壕的使用,军队需要能够掩护他们而不是暴露他们的服装。今天的迷彩服大约有350种款式,保护性的图案少了,它更多成为战争的复杂象征。某些构思,如越战中著名的虎皮纹,以及被别致地命名为不列颠人式的破裂图案,已经被街头文化吸纳并登上天桥,包括范思哲的设计(见第126~127页)。

SIEG HEIL!

法西斯主义者永远无法拒绝一套好军服的诱惑。意大利法西斯党和德国纳粹党是军事样板的泛滥之源,甚至鼓励小孩子也穿军服,希特勒青年党卫军则扎着吓人的皮带和搭扣。在英国,法西斯分子莫斯利(Oswald Mosley)力图说服同伙惹人注目地穿上黑色衬衫,起了一个长久流传的名字。德军侵略波兰的时候,德国防军全副武装,闪电形领花,军帽上饰骷髅徽章,脚蹬亮闪闪的长筒靴。

迅速集结德国士兵,后来被证明完全不适应俄罗斯寒冷的冬天。

到了1998年,一身戎装的打扮再次流行开来,有保暖夹克和战斗式的裤子。老式的戎装风格也影响了20世纪80年代早期的新浪漫主义(见第118~119页),不过是更矫揉造作罢了。

辣妹Baby Spice考虑在女王陛下的军队里发展新事业。

1911年~1955年
简洁的潮流
Molyneux和Balmain

正值设计师如香奈儿、斯基亚帕雷里打得不可开交，为创作引人的细节和恶毒的诽谤而互相比拼时，却给了爱尔兰人爱德华·莫利纽克斯（1891~1974）一个可乘之机，他开创了20世纪30年代极端简约的女性时装潮流。

把服装中的自由新原则带向时装的逻辑结果是用无可辩驳的手艺压倒了其他竞争者的风头，莫利纽克斯创造了象征20世纪30年代风格的明快而简约的紧身连衣裙。他的著名顾客有希腊公主玛丽娜和辛普森夫人（她引诱英国国王并惹了一

选自1947年莫利纽克斯设计的一款线条明快的黑色绉丝斗篷。犹如夜半时分超自然的鬼魅一般。

连串麻烦之后，莫利纽克斯为她设计了嫁衣）。1940年巴黎沦陷，莫利纽克斯坐在运煤船里逃到英格兰，战后他的设计生涯便再无令人目眩的突破。

莫利纽克斯偏爱海军蓝色和黑色，设计了穿脱方便、有皱褶的时髦裙套装，以及用最简单的线条和颜色搭配的修长的晚装。他不乏艳丽奢华的设计实验：蝴蝶花和火烈鸟的刺绣，驼鸟羽毛的饰边（亲爱的，谁又能责怪他呢？），但他最令人难忘的设计是性感迷人的睡衣裤。

布商的儿子

莫利纽克斯留给时装世界的一份遗产，

1934年

斯基亚帕雷里制作了一件玻璃裙，有记者评论"穿着玻璃衣生活的人可千万不要举行晚宴"。

1947年

在电影《劳拉·蒙特斯》中扮演女主角而给人留下深刻印象的法国女演员玛蒂妮·卡洛（Martine Carol）从巴黎阿尔玛桥上跳下，企图自杀。

1954年

哈巴德（L. Ron Hubbard）创立了科学论教派，他认为每个人都是一个自由的灵魂，只有通过心理咨询，从过往的情感重负下完全解脱出来，才能获得他的真实天性。

是他发掘并雇用了日后在许多方面取代了他的设计大师皮埃尔·巴尔曼（1914~1982）。和莫利纽克斯一样，巴尔曼对打破新界限不感兴趣，他在发布会上的时装既实用又冷静雅致，受到众人赞赏。他的家人全都做布料批发生意，事实证明他是一个很棒的生意人，1945年开了自己的时装店。

他继而成功地打入美国市场，设计了许多轻便服装。他的顾客什么人都有，从碧姬·巴铎（Brigitte Bardot）到玛琳·黛德丽（Marlene Dietrich），黛德丽说穿不够他那印花布仿男式的招牌衬衫（好炫耀她那无与伦比的大腿）。20世纪60年代，他设计的晚礼服用缀有凸花花边或浅色丝织花朵的透明硬纱做成。

在1951年的发布会上，皮埃尔·巴尔曼和模特儿们个个喜笑颜开。

形象

深思熟虑的简洁是这两位设计师设计的关键之处，他们的晚装也有华丽的作品，但没有流线形的袒胸露背。莫利纽克斯创作了精品时装——小黑裙子（上帝为此保佑他！）——还有阿尔卑斯村姑式连衣裙，斜裁的紧身连衣裙。巴尔曼喜欢简单的日装，精致绣花的晚礼服。他总是忍不住在晚装上加点水貂皮，裙边加豹皮点缀，领口上加白鼬皮（在那个时代，牛津街上还未有人给你喷油漆）。

巴铎穿着轻佻的小号裙子扭捏作态。不过，还是应该有人告诉她别总咬自个儿的指甲比较好。

1904年
在路易斯安那州购置地的展览会上，盛冰淇淋的碟子用完了，一个叙利亚糕点师傅把把的威化饼卷起来，做成了第一支冰淇淋蛋筒。

1936年
Tampax推出第一批系绳子的月经棉条。早期广告推荐说它适合未婚女子使用（即处女）。

1956年
美国十八岁的青少年一年平均花费400美元用于购买服装、香烟、唱片和化妆品。

1900年至现在
香水与香氛
成功的芳香感觉

自古以来人们用芳香油、药膏擦抹身体（对"Eau de Woolly Mammoth"的偏爱不可避免地中止了），时尚香水和香氛的大规模生产已成为一个"非常20世纪"的概念，而如同其他产品一样，香水的生产也要依靠合适"形象"的创造。

梦幻般的广告，出售"Shocking"给20世纪30年代爱冒险的女性。

FASHION ESSENTIALS

传奇的Chanel No.5香水系Ernest Beaux为香奈儿设计，1921年首次推向市场，由法国艺术家Sem设计香水瓶。它包含有130种成分，基本香型是淡淡的依兰和苦橙花油香，主要香型是木本的檀香、香根草作衬的素馨花、玫瑰花二者的混合香。自从玛丽莲·梦露宣布Chanel No.5是她在床上穿着的唯一东西，五号香水从此名名大噪。以往为五号香水出过力的名人有Lauren Hutton，凯瑟琳·德纳芙，Jean Shrimpton和Carol Bouquet。香奈儿告诉女人们，无论在哪儿她们希望被吻时，千万记得要喷上香水：我揣测她的意思是对香水过敏者除外！

一代经典。

在1900年，大香水商如Yardley和House of Coty一统天下。但时装设计师们没多久就琢磨出，香水是推进时装的一个重要方式，名牌香水应运而生了。首批跃上香水潮流峰顶的是Coco Chanel（见第42～43页）和Jeanne Lanvin（1867～1946），不久，让·巴杜（Jean Patou，1880～1936）、莫利纽克斯（1891～1974）、沃斯（见第12～13页）和斯基亚帕雷里（见第44～45页）就迎头赶上，加入行列。斯基亚帕雷里的"Shocking"——把香水瓶做成野性的裸体躯干——和Chanel经典的"Chanel No.5"被摆在货架上一决高下。20世纪40年代的香水颇具有东方情调，香水大师尝

1969年
肯尼斯·泰南（Kenneth Tynan）创作的《噢，加尔各答》在百老汇首演。《纽约时报》形容它是"那种给色情安上一个下流名字的演出"。

1989年
伊丽莎白·泰勒推出一款新的男用香水，取名为"激情"（Passion）。两年后她第八次也当上新娘。

1998年
一幅以大象粪便制成的图画获得了特纳奖。

试使用浓烈的、奇异的香气，如Patou的"Joy"。战后，Balmain推出味道更淡一些的"Vent Vert"，Christian Dior推出"Miss Dior"。

20世纪60年代风行的香水有Lanvin的"Arpège"，Hermès的"Calèche"，70年代，Yves Saint Laurent用风靡一时的"Opium"（鸦片）重新发现了东方，"Opium"在一英里外都能闻到（特别是毒品缉拿机构）。80年代这东西开始变得荒谬，名字和瓶体包装都含糊不清的"Poison"（毒药），开创了一股病态的花香味的潮流。让－保罗·戈尔捷（Jean-Paul Gaultier）装腔作势地以浅粉色紧身内衣式的容器仿照了"Shocking"的瓶体设计，同时给男用香水的瓶子套上了紧身条

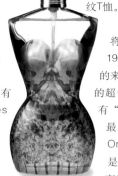
Gaultier的仿裸体瓶装香水被装在锡罐里售出，罐子里也有香气。

纹T恤。

Calvin Klein的"Obsession"将香水市场推向新的高峰，在1985年推出并预示着新一代广告的来临，这些广告无不承诺了香水的超色情含义。跟随这种感觉走的有"Eternity"、"Escape"以及最近标榜时代精神的"CK One"，"CK One"干脆宣称是无性别香水。全世界的化妆品商场目前约有1000种香水，每年有60种新产品问世，从给孩子用的到给小狗用的，应有尽有。世人真是为香味而疯狂了。

男用香水

男人使用的香水最初受到严格的限制，香水生产企业一直很努力地要把强烈的男人气味转换成好闻的味道。从前只能在"Old Spice"和"Brut"之间选择，男性香水现在已多得令人头昏眼花，换一种更好的说法，是从一堆香水中选出"男人的香氛"。大多数大牌公司如Calvin Klein、Jil Sander和Jean-Paul Gaultier都热心于男用香水的开发，Hugo Boss和Tommy Hilfiger研制的新香水已攻占了年轻人的市场。广告更是对准目标推出YSL的男用Opium，用男演员Rupert Everett穿着缎面睡衣斜倚着的广告创意来树立形象。

Kate Moss一丝不挂（当然，除了她的"Obsession"之外）懒洋洋地躺卧在闹市中的大广告牌上。

OBSESSION
Calvin Klein
fragrances for men and women

1918年
欧文（Margaret Owen）小姐创造了每分钟170个单词的打字速度。

1930年
黛德丽（Marlene Dietrich）在影片《蓝天使》中扮演Lola，一个冷酷无情的舞厅歌女。

1965年
法国摇滚歌星Johnny Hallyday和Sylvie Vartan结为夫妻。

1914年至现在
借镜
时装摄影师

时装摄影师可不只是咔嚓咔嚓拍几套服装了事（或像他们所说的那样）。时装摄影师拓展了新风格的词语，他们大多与设计师密切合作开创新潮流。正如欧文·潘（Irving Penn，1917~2009）所言，时装摄影师负责"贩卖梦想而不是衣服"。

新潮女性

重要的女摄影记者有受超现实主义影响的Lee Miller（1907~1977），1945年在希特勒的浴室摆过姿势；最先拍摄户外女孩健康形象（哼！）Louise Dahlwolfe（1895~1989），也是最早用自然光拍照的人之一；Genevieve和她对不寻常的背景的热爱；Diane Arbus（1923~1971），她创作了令人不安、情感粗糙的作品；以及Corrine Day，她用乱糟糟的现实主义帮助模特儿Kate Moss开始了她那高薪的职业生涯。

第一批时装摄影师是真正的开路先锋，他们的照片渐渐代替了《时尚》和其他时装杂志上的速写图。早在1911年，Edward Steichen（1879～1973）已为普瓦雷的发布会拍摄照片；而1914年，Adolphe De Meyer男爵（1868～1949）是第一个被《时尚》杂志雇用的摄影师。20世纪30年代的超现实主义者曼·雷（Man Ray，1890～1976）

曼·雷精心绘出几幅草图，向另一个时装幻景进发。

与George Hoyningen-Huene（1900~1968）合作，从构图、光线、阴影等几方面进行实验烘托图像；Horst P. Horst（1906～1999）采用聚光灯强调服装的细部，在精心安排的背景下拍照。

"新形象"（见第70~71页）期待一种新的摄影形式出现，一种高雅超然的形式。欧文·潘就赋予那些神情高贵的模特儿们以正式的、如雕像般的尊严和静物结构（在著名的Clinique市场推广中这一特点尤其显著）。理查德·阿维东（Richard Avedon，1923~2004）用他的广角镜和奇特的拍摄角度，创造了与众不同的锐利空间，捕捉模

1968年
柯达公司推出傻瓜相机，有两组镜头——阴天用的和晴天用的。

1972年
越战中，一个被汽油燃烧弹击中的越南小女孩惊恐万状奔跑的照片使全世界为之颤栗。

1992年
报上登出约克女公爵莎拉（Sarah）的"财政顾问"布赖恩正在吮她的脚趾的照片。

特儿们不为人熟悉的一面。

20世纪70年代，在戴维·贝利（David Bailey，1938～）和他那一连串知名模特儿女友（妻子）的带动下，时装摄影记者成为大众传媒中的新贵。赫尔穆特·纽顿（Helmut Newton，1920～2004）在照片中表现出咄咄逼人的性状态，证明他是80年代时尚的完美中介。史蒂文·梅塞（Steven Meisel，1954～）则要为人们对超级名模（见第132～133页）的崇拜之风负责任，不过80年代末，尤尔根·泰勒（Jüergen Teller，1964～）乏味的作品却使反时尚的论调大行其道。20世纪90年代晚期，一种名为"吸毒者时髦"（Heroin Chic）的新流派采用坦率的、骨瘦如柴的模特儿来表现，被指责为美化瘾君子而遭到广泛谴责。

戴维·贝利和凯瑟琳·德纳于1965年结婚，影片《放大》（Blow-Up）美化了他们满城风雨的爱情生活。

STYLE ICON
⭐

尽管**塞西尔·比顿**（1904~1980）和时装摄影的关系有点理不顺，但在整个职业生涯中，他还总是离不开时装。虽说受到当时杂志教条的限制，他还是尝试了从**萨尔瓦多·达利**那里选取的意象，并隐隐透出洛可可式的主题。大战期间他试图拍出更粗犷些的作品，在被炸毁的房子外面取景。但到了1955年，他已经舒舒服服地名利双收，玩一玩新爱德华式的风格。时装使他厌倦。20世纪60年代的新时期（或许是模特儿们男孩一样的面孔）给了他灵感，他从半退休的状态复出，又为Twiggy和Jean Shrimpton按下了快门。

婉约而风格化的典雅是比顿的特征，像1948年这帧有点装模作样的照片——你或许会称它为简·奥斯汀式的时髦吧。

1922年
麻将在美国女性之间广为流行，玩牌的时候穿着和服，喝着奇异的茶。

1925年
"小帅哥"Floyd抢劫了圣路易斯市一家邮局350美元，从此开了他九年的抢劫生涯，九年里他共抢劫中西部地区30多家银行。

1928年
麦迪逊花园广场马拉松舞会比赛持续到第428小时，一名选手吐血倒地，被送进医院，美国卫生及公共服务部下令停止这场比赛。

20世纪20年代~30年代
年轻女子的疯狂时尚
喧闹的20年代

试想自己在第一次世界大战以前是个美人，战后却成了丑八怪。这是许多进入20世纪20年代的女人的命运，红扑扑的脸颊和丰盈的乳房，突然不再与大众心目中的美人标准合拍。相反，十五岁少年的身躯、棕褐色的皮肤——最好是在里维埃拉或日光浴床上晒出的光亮金黄颜色，那才是美人标准。

突然地暴露肉体；几年前，露出脚踝还会使人震惊呢。

这是个"聪明伶俐的年轻人"的时代：疯狂地抽烟，喝鸡尾酒，和着最新的爵士舞曲跳查尔斯顿舞。20年代在行动和衣着都反叛了传统的年轻女子，她们投票、工作、开车，到20年代末，美国的马路上已有2300万辆车。通常她们在城里玩了一个晚上之后，从她们的Hispano-Suiza车上下来，两腿套着色泽鲜艳的人造丝长袜。她们的侧影自然也变了。

到了20年代中期，只有女家长和未婚的老姑妈才穿裙撑和小山羊腿式袖，社会上别的人早就穿上Chanel（见第42~43页）式的合体、窄身、低腰流行样式连衣裙了。紧跟着拉德克利夫·霍尔（Radclyffe Hall）的感伤小说《孤寂之井》（The Well of Loneliness, 1928）而来的是女同性恋者增多；女人不约而同冲到老公的衣柜里翻领带、领巾和睡衣裤什么的。男人以穿着宽大的牛津裤作回应，裤脚口有60厘米宽，因当时高尔夫球运

"跳吧，直到倒下"《潘趣》（Punch）漫画速写的上流社会。

1930年
Merman（即Zimmermann）辞掉周薪35美元的秘书工作，担当Gershwin音乐剧《女孩疯狂》中的一个角色，每周薪水350美元。

1933年
希尔顿（James Hilton）的小说《迷失的世界》写到喜马拉雅山一个叫香格里拉（Shangri-la）的地方。六十多年过去了，探险者仍在试图找到它。

1937年
美国种植菠菜为一个塑像给大力水手Popeye，以纪念他为此所做的贡献。

动正席卷欧洲大陆，故穿着灯笼裤与菱形花纹的毛线衣即被认为是"帅哥"了。

女装裙子越来越短，人们的容忍程度也跟着增高。网球好手、温布尔登的女王Suzanne Lenglen身穿让·巴杜设计的前卫新款时装，掀起了女式便装的革命。海滩上，用料极省的新款游泳衣避免身上晒出白一块黑一块的条纹（穿露背晚礼裙时这可太重要了），较极端的健康生活方式被大力提倡。据说当英国年迈的玛丽王后观赏震撼了伦敦舞台的音乐剧《No No Nanette》时，穿着暴露的合唱队使得王后窘迫地移开了视线。开放的时代到来了。

突然，在一片歌舞升平的陶醉中，1929年10月29日，华尔街股市风潮骤然刮起，这场经济灾难造成无数人自杀、破产和近一千万人失业。香槟酒的泡沫破碎了，但是，若没有喧闹的20年代的时装，没准儿我们今天仍然穿着紧身衣哩。

无伤大雅的嗜好

20世纪20年代流行很多狂热的时尚，如弹簧单高跷、填字谜游戏、悠悠球、麻将、桥牌——1928年炸薯片刚被引进的时候，竟售出了一万包。节食与健康疗法大行其道，帮助女性成功塑造男孩般的体形，对自然主义的迷恋使她们得以完全地展示其优美的新体形。

STYLE ICON

优雅的赤脚舞步，配上飘逸的希腊式衣服，一切事情，从芭蕾舞到婚姻莫不有标新立异的见解，在旧金山出生的**伊莎多拉·邓肯**（Isadora Duncan, 1878~1927）作为现代舞的奠基人之一被人们永远铭记。尽管她在世上声誉很高，却仍然成为不断争辩的主题，不仅因为她的思想：在轻薄的舞衣中裸着的瘦腿表现舞蹈可以更自然；更因为她始终坚持做一个"自由"的女人，有两个非婚生子。她的生活中充满了悲剧：她的孩子在一场车祸中溺水而亡；后来，她开着敞篷车，她最喜欢戴的飘拂的长头巾缠在车轮上，不幸将她勒死。

伊莎多拉·邓肯穿上有特色的古典服饰，雕像似的。

1922年
20世纪20年代的年轻女子们把胸部绑起来试图塑造男孩般的形体。

1943年
在影片《英雄本色》（The Outlaws）中，休斯（Howard Hughes）设计一个悬臂式伸展的胸罩，以更好地突出简·拉塞尔（Jane Russel）乳沟的效果。简说它很不舒服。

1948年
根据金赛（Kinsey）调查报告，美国56%的男子都曾对他们的伴侣有过不忠行为。

1920年至现在

胸罩
满得溢出来了

第一次世界大战以后，女式裙装变短了，窄身了，丰满的臀部不见了，胸部平坦了。可是，标新立异的年轻女子们还得整夜跳舞，需要重新认真地考虑考虑内衣制作了。

20世纪20年代的年轻女子胸部平坦。

歌手Dale Bozzio充利用了她的午餐锡盒子。

内衣设计师

卡尔文·克雷恩首先开创出售名牌标签、价格也不算昂贵的内衣，他们经常借助模特儿如说唱歌手Marky Mark来提高产品知名度。此时出现的奇怪现象，是把内裤突出在长裤外面（你要是超人也能把内裤穿在外边）。一些名牌公司如D&G, Prada, Donna Karan也不甘示弱，纷纷涌进市场。让设计师的名字紧贴着肌肤，犹如拥有Armani套装一样重要。不过，到了20世纪90年代，产品授权管理松散和唾手可得，已削弱内衣设计者从前的风光。

直到这时候胸罩才得到确认，制作商开始认真地对待这个问题，反讽的是，此时的胸罩不是尽量使乳房显得丰满，而是要让乳房尽可能变小，来塑造理想的男孩似的身材！硬硬的紧身衣被用来抹平起伏的曲线，松紧带慢慢改变了内衣裤的结构。

连裤内衣非常受欢迎，进入20世纪30年代，女性内衣裤渐渐采用更自然的面料，饰花边背心式女内衣代替了紧身衣，人造面料（如人造丝）出现了，作为丝、广东绉纱、缎子等更实惠的替代物，使线条优美的内衣裤得以走进普通人家的生活。舒服的内衣大行其道，其中包括新款的"吊带紧身衣"。

1938年面市的无带胸罩为搭配当时流行的露背裙而作。

1971年
在法国里维埃拉，警察命令光着上身晒日光浴的妇女"盖着点儿"。

1988年
美国新闻工作者昆德伦（Anna Quindlen）抱怨说"假如让男人怀孕，就会有安全有效的方法控制出生率，男人生育花费也不会那么高了"。

1996年
癌症患者的存活率为40%，1920年时还不到20%。

战后的"新形象"（New Look）（见第70～71页）同时还推出了"细蜂腰"，这种短紧身衣通常穿在"吊带紧身衣"或轻便衬裤腰封上面。穿毛线衣的新一代女性，她们的乳房更加成为重点：坚挺、发育得很大，比例吓人，乳头突出。阔大的衬裙加上无吊带胸罩的组合，是创造20世纪50年代的奢华晚装所需的标准。

由于Spandex弹性纤维和Elastane的发明，20世纪60年代的年轻人革命，以及妇女解放运动者的宣言"胸罩是男权压迫的象征"，女性渐渐地走向追求更自然体形的道路。迷你裙带动了连裤内衣的流行：新式连裤内衣有明快的图案和为了让人看见的鲜艳的颜色。紧身腰带（腰封）慢慢被淘汰，胸罩和短内衣裤取而代之，与体

缎子，女式内衣市场迅速扩大了。

名牌内衣设计者成就了Marky Mark。

FASHION ESSENTIALS

尽管人人都在口头上提倡什么自然美体形，但好像女人真正想要的是露出乳沟。1969年由Gossard设计的神奇胸罩（Wonderbra）历久不衰，证明此言不虚，据说神奇胸罩是世上销得最好的胸罩。90年代Playtex重新包装了神奇胸罩，吸引了众多媒体的注意，它仍然是必不可少的内衣首选。嗨，千真万确！

形吻合的胸罩，解决了穿上薄薄的T恤可看到胸罩线缝这一棘手难题。进入20世纪90年代后，女性开始渴望有点特别的东西，遂出现了花边、豹皮花纹和毛皮镶边

1909年
日本小说家森鸥外
（Ogai Mori）写的
《性的生活》，对
男人无法控制他们
的性欲这一观点提
出质疑。

1934年
奥地利的一项法规严禁
任何人取笑陶尔斐斯
（Dollfuss）总理的小
个子。

1953年
第五大道的双层巴士
"玛丽王后"号停止
使用。

1966年
Nancy Sinatra的唱片
《These Boots are Made
for Walkin》（这些靴子为
走路而造）销出近400万
张，她的名字被永远地和白
色Go-Go靴子联系在一起。

20世纪至现在
踏出时髦的一步
这些靴子不是为走路而造的

当第一个穴居人把零碎兽皮绑到脚上时，"鞋类"这个概念就产生了。可是直到20世纪早期，鞋才成为日新月异的时装的一个必要组成部分，19世纪那种鞋带系得很高的"老奶奶靴子"，只有老年人和老顽固才会穿，不断缩短的裙子给予双脚充分展示的机会。

镶钻石的织锦缎晚装鞋，巴黎，1924年。

鞋类作为时装搭配的真正繁荣期始于20世纪20年代早期，此时鞋子已批量生产，女人可以购买不同的款式以搭配白天变化多端的服装。搭扣的和镶边的都极受欢迎，有小亮片的带子和各式各样有荷叶边饰的鞋子风行一时。30年代流行比较笨的坡跟鞋；50年代的女人穿腻了战后讲究实用的笨笨鞋，改穿简单、细长的细高跟鞋，这些鞋子的跟高得令人头晕，对地板的破坏力比一大群白蚁还厉害。

60年代的鞋类变得更轻佻。巴黎设计师安德雷·库雷热（André Courrèges，1923～）推出了平底靴，搭配他那朴素的宽松直筒连衣裙；60年代末的嬉皮士们（见第100～101页）穿绣有各式各样迷幻图案和主题的鞋子。70年代早期木屐式坡

FASHION ESSENTIALS

Nike的名称是从希腊有翼的胜利女神Nike得来的灵感，1971年由波特兰州立大学绘画艺术系学生卡罗琳·戴维森（Caroline Davidson）设计。她想出这么一个举世闻名的商标才得到35美元，20年后，该名称每年为公司带来40亿美元的收入。正如广告所说："干就是了！"（Just do it!）

又一宗松糕鞋意外：扭坏了脚脖子是平常事。

1977年
中非帝国的国王博卡萨（Bokassa）委托巴黎的Berluti为他的加冕典礼定制了一双珍珠镶嵌的鞋，造价85000美元。

1993年
在乔治亚州亚特兰大市举行的超级杯赛上半场进行期间，拍摄了一则Reeboks鞋的广告，并在比赛完场前播放。

形高跟（松糕）鞋一统天下，到了70年代中期，即使最老派的家长足下鞋根有5厘米，也是稀松平常之事。有些造得畸形的款式，令矫形鞋子相形之下显得精致。

之后，随着时装重新回到20世纪初的旧路上，重新流行的时代主宰了鞋类的款式。不过80年代中期开始追求体形健美的同时，美国说唱乐（rap）和美国黑人的节奏布鲁斯音乐（R&B）逐渐盛行，使跑鞋和运动鞋成了抢手的时髦货。在极个别的情形中，跑鞋亦带来一些"沉重的"案件，穿着最新款名牌跑鞋的人会被抢劫，有时甚至被杀害。

90年代意大利品牌Prada，Gucci（见第128~129页），曼诺罗·布拉尼克（Manolo Blahnik，1943~）主宰着鞋的时尚，曼诺罗的细高跟皮鞋被亲切地称为Manolos。对那些更讲实效的人而言，Birken-stock凉鞋的样子

笨重而时髦："辣妹"重新穿上高底跑鞋，是水牛牌制造商的一片好意。

上流社会

今天穿晚服的漂亮女人多半都配细高跟鞋，而在16世纪，她们穿一双叫Chopine的鞋子，一种高度可达70厘米的软木高底鞋，通常是威尼斯富有的女性穿着，从码头上岸这段"行程"还经常要下人搀扶。不过，在运河两岸做生意的妓女也颇时兴穿这种鞋，以躲开老鼠和阴沟污水。所以，如果你觉得"辣妹"是第一个赋予松糕鞋以性魅力的人，再想一想——"威尼斯的辣妹"从前穿着软木高底鞋时同样是一份很不错的生活呢。

虽然很丑，穿着却挺舒服。

今天，没有哪款鞋能够象征这个时代，对鞋子的选择与穿着者的个性一样，与每一种当时风行的时装潮流都密不可分。从装饰着复杂的拉链和带子的大皮靴，到装饰着不显眼的荧光红鞋跟的运动鞋或最新技术的跑鞋，90年代末一切都可以时髦——除了脚上的鸡眼。

1921年
在芝加哥，妇女如穿short or露出两条腿的短裙或露出两条胳膊，就会被罚款。

1929年
哈勃（Edwin Hubble）向人展示银河系的星云正在加快速度移动，有些人以为宇宙在膨胀（哈勃并不同意此观点）。

1934年
波特（Cole Porter）的"I Get a Kick out of You"（你带给了我刺激）是第一首提到吸毒（歌里指可卡因）的流行曲。

20世纪20年代至现在
花哨与苦涩
Coco Chanel

1931年的Coco正在思索她下一句刻薄的"妙语名言"。

她或许作为20世纪最伟大的设计师被人们铭记；她或许打破了针织内衣只能当男式内衣的领域，把它变成了修身合度的昂贵的运动装；她或许是第一个吸收某些男装特点应用于女装的设计师；她或许创造了赢得世人赞扬的第一瓶香水；但是，尽管有这些荣誉，"可可"香奈儿（Gabrielle "Coco" Chanel, 1883~1971）同时又是个种族主义者，亦步亦趋的法西斯同情者。她那出众的设计天赋，同时与她那有名的讨厌性格不相上下。

出身贫寒，又是私生子的香奈儿，她编造谎话和神话的才能很早即露端倪。她当不成小餐馆歌女，便更名为"Coco"，后来发现当交际花更有利可图。1913年，她的情人出钱帮她在Deauville开了一家小时装店，发售带着她的标签的针织内衣，价钱颇高，即使最简单的款式也能为她大赚一笔。1916年，美国

奥黛丽·赫本在电影《蒂凡尼的早餐》中穿着小黑裙装。

《时尚》（Vogue）杂志宣称，Chanel简洁而价格不菲的针织裙装是"时尚的代名词"，自此Chanel的影响逐渐扩大。

Chanel的时装是20世纪20年代的象征物，1926年她的著名"小黑裙装"被美国

1952年
达利（Salvador Dali）在日记中写道："疯子与我之间只有一点不同，我不是疯子。"

1976年
奥黛丽·赫本和肖恩·康纳利（Sean Connery）合作拍摄了《罗宾汉与玛利安》，是九年来她的第一部电影。

1995年
三个窃贼偷走了法国戛纳高级饭店价值2.5亿法郎（约合3亿英镑）的珠宝。

《时尚》杂志描述为"时装界的福特"，香奈儿自己清秀文雅的外表，本身就是完美的现代服装的最佳广告，她与奢华的主流激进地决裂，使她的同代人相形之下显得无比落伍。她说巴黎的头牌女服设计师普瓦雷（见第24页）的"古怪风格行将死亡"，她声明已发现普瓦雷的款式和颜色很"粗野"，她自己将选择简单的线条和以浅棕、黑色为主的色系。

十年后，她的风头被基亚帕雷里（见第44～45页）盖过了，曾遭到她蔑视的浪漫的连衣长裙成了她风格的一部分。1939年大战爆发之际，她的时装店关张，直到1954年她71岁的时候才再次营业。她对款式的直觉——宽松外套，一串串的仿珠宝项链，鲜艳镶边花呢服装——与Dior的"新形象"（见第70～71页）即鼓起的裙子、收进去的腰身相抗衡。到60年代，

由于Coco错误判断了战况，巴黎的时装店在1939~1954年间关闭。

Chanel已经成为中产阶级时尚的代名词，她那令人难以捉摸的生活方式也被传记作者浪漫化了。

香奈儿辞世之后，Chanel时装店变成了时装王国的恐龙，一味迎合那些上了年纪的有钱人。直到1983年，公司雇用了拉格斐（见第78～79页）之后，公司的财运才再次复苏，拉格斐对时机掌握得不能再好了，20世纪80年代往往充斥着逼人眼帘的炫耀，拉格斐对传统两件套装的颠覆，大串珍珠、镀金链，莫不与时代相合拍。牛仔布迷你裙，Chanel商标的内衣，装手提电话和依云（Evian）水瓶的缝制图案手袋均获得极大的成功。Coco可能会在坟墓里辗转不安呢，而大众却对这些东西青睐有加。

时装界的法西斯主义者

根据最近解禁的英国情报人员档案，早在1943年Chanel就被指斥为德国特务，当时她参加一场运动，试图影响她昔日情人威斯敏斯特公爵的老朋友丘吉尔爵士。1944年春，Chanel旅行到柏林，和纳粹高层领导人会面。巴黎解放后她被盟军逮捕，她辩解说自己有一个纳粹军官情人，她说："在我这把年纪（她62岁）还有男人想和我睡觉，你怎么会想到去看他的护照呢？"不久她被释放，可能为了堵她的口，免得泄露她那些身份高贵却暗地结交纳粹的英国朋友的有关情况吧。

1922年
丹佛市一辆名为"追强盗"的警车投入使用，它采用了凯迪拉克的发动机。

1929年
科克托（Cocteau）在《问题儿童》中写了一对生活在同一个房间里的、患缄闭症的兄妹。

1930年
美国天文学家威廉·汤博（Clyde William Tombaugh）发现了太阳系的第九颗行星冥王星，它大约只有地球卫星——月亮的三分之二大。

1922年~1939年
这是开玩笑吗？

Elsa Schiaparelli

混杂你的隐喻。

想象一顶如小羊排一样的帽子，一串像阿司匹林药片串起的项链，一件昂贵的晚装上印上用错视法画出的泪珠图案。所有这些设计，都出自特立独行的意大利女设计师斯基亚帕雷里（Elsa Schiaparelli, 1890~1973）之手，她与超现实主义运动结盟，制造了时装最形象的玩笑，推动普及了艺术与时装之间激进的融合，这一融合对20世纪30年代的影响犹如"朋克"运动和薇薇安·威斯特伍德（Vivienne Westwood）之于20世纪70年代末的影响。

斯基亚帕雷里女士：充满智慧的超现实主义者。

1922年，斯基亚帕雷里来到巴黎，以破落贵族和美国有钱女人的化身出现。一天，她在普瓦雷的时装店闲逛，心血来潮地试穿了一件华丽的晚装大衣。普瓦雷提供大衣的全套搭配，同时鼓励她自己设计点什么衣服。Shiap（她这个名字广为人知）在许多方面发展了普瓦雷停步不前的领域：她继承了普瓦雷对丰富多样的色彩、面料的热爱，又增加了许多传统的女性化的装饰，以及她所喜爱的戏剧、异国情调的想象力——还有，毋庸讳言，她那古怪的幽默感。

斯基亚帕雷里早期设计生涯的主打产品是1931年设计的宽垫肩套装，好莱坞名人纷纷效仿此种装束（见第54~55页），结果一时间模仿宽垫肩的款式不计其数。

斯基亚帕雷里为中上流社会人士推出不少制作精

玛琳·黛德丽穿着厚垫肩的Elsa Schiaparelli套装。

1931年
可用于酒醉后治疗的Alka-Seltzer矿泉水，带着叮咚叮咚的嘶嘶响声面世。

1934年
帕克（Dorothy Parker）嘲弄地说"女式内衣的精髓在于简短"。

1939年
克拉克·盖博（Clark Gable）娶了卡洛琳·卢帕德（Carole Lombard），泰伦·包华（Tyrone Power）与刚结识几个月的法国女演员Annabella结为连理。

良的套装（首次使用垫肩）和紧身黑色裙装，但她最广为人知的是她与超现实主义运动创造性的联系，尤其是与让·科克托（Jean Cocteau，1889～1963）和萨尔瓦多·达利（Salvador Dali，1904～1989）的关系。她为科克托设计的夹克上衣，有刺绣的双手紧紧扣住穿衣人的身体；给达利的，是著名的"泪珠"图案和一大堆巧妙夸张的帽子——一个超现实主义饰物的极致——一只反转的鞋子搁在脑袋上。有钱人喜欢斯基亚帕雷里服装的机智，她最怪异的一件裙装得到了时装界领袖如温莎公爵夫人（见第56页）的首肯，公爵夫人穿着她设计的绘有大龙虾、

嫉妒？谁，我吗？

Coco Chanel被对手的成功搞得心烦意乱，她所不能逾越的上流社会却对Schiaparelli敞开大门，这更使她怒火中烧，每当提到Shiap时总是轻蔑地叫她"那裁衣服的意大利艺术家"。Mainbocher（见第57页）则酸溜溜地抱怨，法国《时尚》杂志封面上了太多Schiaparelli的产品。有些人真的很缺乏幽默感。

西芹作点缀的晚礼服。斯基亚帕雷里的事业非常成功，她不仅大胆，而且有商业头脑。正如古怪的裁缝师科克托指出："她知道如何走得出位。"第二次世界大战爆发之际，她关掉店铺逃到美国，战后再也未能取得昔日的辉煌。

FASHION ESSENTIALS

若想穿出Elsa Schiaparelli的样子，可选择一些简单的基本轮廓，再加上自己巧妙的小装饰：合身的宽肩垫装，搭配立体效果的图案，比如在黑毛衣上织出白色蝴蝶结；在衣服或珠宝首饰上绘挂锁、昆虫、嘴唇、杂技演员、士兵、黄道十二宫等图案；用白报纸封顶的围巾；突出的拉链和怪怪的花生米或小蜜蜂形状的纽扣，蒂罗尔（Tyrolean）帽。使用Leonor Fini设计瓶装的"Shocking"香水（见第32~33页），及以她命名的"震撼粉红"的颜色。

温莎公爵夫人著名的龙虾裙（不过里面可不是公爵夫人本人）。

1906年
入场费为5美分的电影院首次
使用,在三年内美国将有1000
家这样的影院开张。

1926年
钟形帽的帽檐挡住一只眼
睛是时髦装扮,"露出额头
可能会引起流言蜚语,时
髦从眉毛开始。"

1933年
在美国,一顶斯泰森毡帽
售价为5美元,煤气炉要
23.95美元。

1900年至现在
时尚头饰
从无边平顶筒状帽到棒球帽

"疯帽匠"的茶会吗?
不,1946年一则头巾式
帽子的广告。

20世纪初,给人看到没戴帽子犹如向人宣称"我是妓女"一样,为安全起见,通常在户外和室内都要戴帽。如今,除了一些特例(戴安娜王妃对小三角帽的偏好,使女帽的销售量激增),一般而言,只在特殊场合佩戴或作御寒之用。

20世纪早期,女帽式样的发展一直颇为迅速,从电影《窈窕淑女》(My Fair Lady)中宽得不能再宽的式样到卷起的头巾式无檐帽。花卉,标本鸟,水果篮——第一次世界大战前的帽子上什么东西都可以往上堆。到第一次世界大战时,帽子向高空发展,而不是横向:1917年出现了钟形帽,一直主宰到20世纪20年代,不过宽檐的软边帽、无边帽、贝雷帽和平顶硬草帽也同样受到欢迎。到30年代,超现实主义与帽子纠缠在一起,部分要归功于斯基亚帕雷里(见第44~45页)。头巾式女帽、

三角帽、Coupde-Vent帽,甚至做成鞋形状的帽子(是否赋予"踩在别人头上"的新含义呢?),都是当时的流行款式。

第二次世界大战使女帽世界变得贫乏,只有实用的款式而缺乏创意,就连美国也是这样,帽子的大小确实缩减了。但在1947年,"新形象"(见第70~71页)介绍了改良的圆锥形苦力帽,平顶硬帽和贝雷帽再度流行,制帽材料有毛毡、人造纤维、塔夫绸、法兰绒,甚至镶着鲜艳的羽毛。

20世纪50年代,帽子的帽壳越来越大,直到

欧文·潘为《时尚》拍摄的一帧照片,1950年。这样很好,只是别想吃想喝。

1939年
Eugen Weidmann是法国最后一个被当众送上断头台的人。

1964年
茱莉·安德鲁斯（Julie Andrews）和狄克·冯·戴克（Dick Van Dyke）在电影《欢乐满人间》（Mary Poppins）中戴着迷人的平顶硬草帽。

1988年
希龄（David Shilling）以稀奇古怪的帽子闻名，他的妈妈不得不戴着更稀罕夸张的帽子参加年度皇家阿斯科特赛马会（Royal Ascot）。

女帽大师

Jean Barthet（1930~）曾为Montana、Sonia Rykiel和Ungaro设计；她的典型风格是结构严谨的时装帽，按比例缩小的浅顶软呢帽。Lilly Daché（1904~1989）最著名的是褶皱头巾帽，发套式帽，钟形帽。Stephen Jones（1957~）曾为Gaultier、Hamnett和Westwood工作，他的设计怪异，犹如雕塑，麦当娜和乔治男孩是他的顾客。Philip Treacy（1967~）与Karl Lagerfeld和John Galliano合作，擅长设计戏剧化的帽子，羽毛镶饰，雕塑般的外形。

杰奎琳·肯尼迪使无边平顶小筒形帽重新成为时尚宠儿为止。爱德华时代带面纱和织物衬里的帽子在一股怀旧热潮下亦风行一时。

文化的必要性正在衰减，头顶饰物也很快变成正式场合或有实际需要（比如为遮掩头发）时才使用。20世纪60年代批量生产的帽子更注重随意的感觉，为扮成Biba的样子，钟形女帽又重新出场。影片《四个婚礼和一个葬礼》（Four Weddings and a Funeral）的轰动效应促进了在婚礼上戴帽子的风气，90年代的名人明星们对棒球帽和羊毛Kangol帽情有独钟。不过，不管你妈妈说什么，帽子的霸权地位已一去不返——无论你去哪里，不戴帽子才是准则。

茱丽娅·罗伯茨在1999年的电影《诺丁山》（Notting Hill）中，狡猾地假扮成格瓦拉（Che Guevara）的样子。

安迪·麦克道威尔（Andie McDowell）在影片《四个婚礼和一个葬礼》中戴着Herald & Heart出品的黑草帽。

1930年
杰克与查理的"21夜总会"在纽约开张，如有禁酒的官员突然袭击进行检查，他们按下电钮，放酒的架子会向一边倾斜，酒会顺着滑道掉到地下室去。

1933年
新泽西州的Richard Hollingshead取得专利，开了第一家坐在车上观看的"免下车"（drive-in）电影院。

1941年
密西西比河上的胡佛水坝是世界上最大的水力发电站。

1927年~1960年
合成风格
尼龙衬衫和克林普纶长裤

多少年来人们的服装都是依靠羊毛、丝、棉作为主要面料，随着20世纪美丽新世界的开创精神，注意力转到人工合成纤维上来。人们需要的是全新的面料，易干、不变形，重要的是还得便宜，能满足大众化时装生产的需求。科学家们投入工作，很快就有产品问世！

裹在杜邦暖和的粉红色奥纶大衣里（1954年的款式）。

20世纪50年代，由于大规模的、由煤和石油产品制成的合成纤维织物的科技性突破，人们对所有人造产品的热情空前高涨。新一代的纤维：人造丝、尼龙、三醋酯纤维（tricels）、丙烯系纤维（acrylic）解决了原有服装面料的所有问题，容易洗（新材料易使人出汗，所以必须易洗），容易保养，便宜，适合做出时装的款式（美中不足的是产生的静电会让你头发倒竖）。

玛丽·匡特设计的Carnaby绿色的康特利面料（Courtelle）。

人造聪明

合成纤维工业的两大巨头，英国的Courtaulds和美国的杜邦（Du Pont）公司为20世纪合成纤维的发展作出了巨大的贡献。Courtaulds明智地垄断了不列颠和美国的粘胶纱线（Viscose）产品市场，在开发出英国第一种丙烯酸纤维康特利（Courtelle）之前，制造人造丝和仿真丝。杜邦公司是火药制造起家，后来转向合成纤维制造业，先制造了赛璐玢（Cellophane），然后是人造丝、尼龙，以及最早作为毛皮替代物的可发姆（Corfam）。

尼龙（Nylon）不仅用来做短袜，做紧身内衣，还用来做有名的免浆烫衬衫。涤纶（Polyester）是最早的全合成纱线，1941年从一种

1947年
第一届爱丁堡节开幕，几个未受邀请的团体在教堂大厅和其他场所演出，Festival Fringe由此诞生。

1953年
在俄亥俄州，冷冻精子被植入女人体内使其受孕。

1956年
瑞士技师Georges de Mertral发明尼龙刺粘搭链"Velcro"，名字源于法语的velours（天鹅绒）和crochet（编织物）。

无论在什么场合，穿着尼龙两件套毛衣和百褶裙都没有问题。

作俑者，尽管科学家们并没有完全解决某些问题。阿克利纶的保暖性不如羊毛，穿久了会松垮，易起绒球；其他纤维易起静电，或者透气性不够好。反对之声一直不断，直到20世纪80年代改良的人造纤维如莱卡（Lycra）、天丝（Tencel）出现才略有止歇。

汽油基中制造出来，20世纪40年代得到发展，制造商们看中了它穿用方便的特点，遂不断地选用它。特丽灵（Terylene）用来做百褶裙，烫出的褶裥绝不会消失；丙烯酸纤维总是和针织套衫联系在一起，无懈可击，虽然"时尚警察"一试再试，能够得出这些纤维的变体的有克林普纶（Crimplene，类似涤纶的变形聚酯丝，多做长裤）、的确良（Dacron）、阿克利纶（Acrilan，美国制丙烯腈合成纤维）、康特利（Courtelle，既不松垮也不缩水）、奥纶（Orlon，聚丙烯腈短纤维，用以代替羊毛）和德拉纶（Dralon）。

不过，人们开始质疑科学能否解决我们所有问题，生态运动强调，对地球造成的无法证实的破坏中，人造织物是始

你相信吗？20世纪50年代前后，尼龙和涤纶（Polyester）是最性感迷人的纤维呢。1927年，Wallace H. Carothers博士在杜邦公司发明了尼龙（Nylon），他找到一种方法，可以创造出使用合成长链聚合物的纤维，并一举成功。后来发现尼龙衣物透气性差，夏季穿在身上闷热得像蒸汽浴，有人开始反对尼龙做的衣物。涤纶稍后出现，是棉布印花工协会的Winfield和Dickson发明的，是乙二醇和对苯二酸组成的纤维，涤纶成为基本面料，现仍被用在服装制造业上，它穿用方便，又干得快。

防皱防缩水的奥纶面料，是20世纪50年代女孩子们的最爱。

1934年
汽车设计师
Ferdinand Porsche
设计了大众甲壳虫
车款（Volkswagen
Beetle）。

1939年
佛朗哥的民族主义军队赢得
了西班牙内战，将近50万西
班牙人死亡，被处决的人比
丧命在战场的人还多。

1944年
在电影《黑暗中的女人》（Lady
in the Dark）中，黑德（Edith
Head）为金吉·罗杰斯
（Ginger Rogers）制作的
水貂皮绒闪光装饰片戏服，
花了35000美元。

1930年~1968年
时装界的毕加索
Balenciaga

巴伦西亚加（Cristobal Balenciaga, 1895~1972）毫无疑问是20世纪最著名的西班牙设计师。这位被比顿（Cecil Beaton, 见第35页）誉为"时装界毕加索"的大师同时也是个技艺高超的技师，除了比利时皇后法比奥拉（Fabiola）外，一些电影女明星如艾娃·加德纳（Ava Gardner）、英格丽·褒曼（Ingrid Bergman）也热衷穿着他的服装。

艾娃·加德纳曼妙的身姿被Balenciaga出色的裁剪衬托得益发婀娜。

穿这套服装之前（1955年的设计），先要练习滑稽的步态。

巴伦西亚加接受过裁缝师的训练，在圣塞巴斯蒂安和马德里建立了数家制衣企业。1937年他开始创立自己的品牌，在巴黎开张巴伦西亚加时装店，他在这里执掌了31年，直到1968年退休为止。

他极喜欢清静，明智地不干扰周围的人们，让他们对他的服装大唱赞歌。就连他的老对头Coco Chanel（一个从不克制说一些刻薄批评的女人）也不无勉强地夸奖巴伦西亚加说："只有他才会裁料子，配搭成时装，用手工缝制。其他人不过是时装设计匠罢了。"换句话说，他是一个很合格的全能先生。

正因为这种裁剪的技巧，加上在制作上对每一步骤做过分迫切监控的需要，奠定了巴伦西亚加时装大师的地位（虽然他可

1947年
千万富翁、斗牛士罗德里格斯（Rodriguez或Manolete）在里莫莱斯的一场斗牛比赛中被公牛戳到了致命处。

1955年
西班牙出生的奥乔亚（Severo Ochoa）在实验室中合成核糖核酸（RNA），使得人们有可能从惰性气体中创造出生命的那一天提前到来。

1968年
妆容要苍白的皮肤，孩童般粉红的胭脂，闪光的李子色唇膏和烟色眼影。发梢向内卷曲的齐肩发型（page-boy）开始流行。

能不是一个成功的老板）。制衣的每个阶段他都要亲自参与，从画设计图、选料、裁料到缝制，他甚至选定与衣物相配的饰物，还训练模特儿（走路，摆姿势，微笑，傻笑，抽烟——模特儿吗，除此之外还干什么？）。人们认为他对改进19世纪的裁剪技术作出了贡献，他从不惮于实验，1961年他的一款只有一条缝的大衣在设计上达到新高峰（见第69页）。

好一个Fath！

时装界另一个古典主义者菲斯（Jacques Fath, 1912~1954）以低领口，沙漏形的裙形，掐进去的腰身和宽大裙摆著名。像巴伦西亚加一样，他也被认为是"新形象"的先行人物。纪梵希（Givenchy, 1927~）曾为Fath工作，但他似乎更像巴伦西亚加的继承者，他那简洁高雅的时装深受他的女神奥黛丽·赫本的喜爱。他擅长设计大衣领和平裁袖。

比顿摄于1951年的作品。

巴伦西亚加1966年为法航设计的制服，有1300多名空姐穿用。

慢工出细活

巴伦西亚加并不以善于在每个季节推出极端的或全新的款式著名，他更喜欢隔一段时间才发掘新灵感，对选定的款式修修改改，加以完善。不过，对一个动辄即被冠以古典主义标签的人而言，他对时装发展的功劳远比公认的多。1939年，他已经在做掐腰身、圆臀的短外衣，后来在迪奥的"新形象"中预示。他是第一个让模特儿穿连袜裤的人（此后模特儿们就离不开它了）。他还设计了经典的袋式直筒女装连衣裙，让那些为紧身衣所苦的女性自1956年终于可以舒出一口气。

他的日装可穿性强，通常以舒适为主。但他的晚装却近似滑稽得不切实际。裙撑，垂挂的饰物，隆起，泡褶，累赘的花边镶嵌，毛皮和花朵——使穿衣的人美若天仙，但要试着坐下来的话则痛苦难当。

1905年
世界上最大的钻石，
重达3106克拉的
Cullinan钻石在南非
的比勒陀利亚附近
发现。

1914年
美国卡通画家格儒勒（John Gruelle）
在一个旧娃娃空白的脸上画出眉眼，
他的妻子Myrtle在娃娃带花边的心
上绣上"I love you"，褴褛安娃娃
（Raggedy Ann）诞生了。

1957年
匈牙利女演员莎莎嘉宝
（Zsa-Zsa Gabor）说：
"我从来没有憎恨哪个
男人到把他奉送的珠宝
奉还的地步。"

1900年至现在
真真假假
赝品愈多，贪心愈少

配衬服装的珠宝饰物起初被视作真宝石的劣质替代品，后来才凭自身的魅力成为时尚的配饰。人造宝石给了设计师和佩戴者以充分表达的自由和幽默感，不再受制于真宝石的沉重代价。

肯尼思·莱恩（Kenneth Lane）

尽管没有任何技术经验（他最初为Dior和Roger Vivier设计鞋子），莱恩却成为珠宝界最辉煌最有创新意识的设计师之一。他的作品有原棉做的闪光片耳环，人造钻石镶嵌的动物胸针，大块硬糖的耳环，珐琅做壳、高尔夫球那么大的珍珠戒指。夸张就是一切，他的设计多改编自历史资料，为服饰珠宝带来了强烈的戏剧化色彩。

莱恩设计的从头到尾镶满钻石的火烈鸟。

普瓦雷（Paul Poiret, 1879～1944）是进行人造珠宝配饰实验的早期人物之一，他委托伊里巴用新颖的流苏式珠宝配衬他的时装。大家熟悉的普瓦雷的挂件，不久就被琥珀心、染色植物珠子、石头菩萨等装饰美化。

香奈儿也不甘示弱，她的加入使人造珠宝很快便得到大众的认可，她用看似漫不经心的方式把真假珠宝混在一起，配在一处。"真东西也无所谓，只要看着像破烂儿就成。"香奈儿说。她把俄罗斯珠宝、十字架、一排排的镀金链子统统配到时装上（赶公车的时候

头盖骨那么大的耳环，珠宝赝品大得装腔作势。

一定会叮当乱响!）。香奈儿的老对头斯基亚帕雷里也对首饰情有独钟，她和艺术家朋友合作，制造出别具特色的超现实主义饰物，有达利（Dali）的电话机耳环，科克托（Cocteau）的涂漆眼形物。斯基亚帕雷里广泛使用羽毛、钱币、酒椰叶、纸镇，以及橡胶等各种材料。

迪奥的"新形象"（见第70～71页）同样少不了人造宝石，多数由Madame Grupoix设计，大吊灯耳环、镶珠片的胸

1969年
桑德拉·罗德斯首次推出她的时装发布会，声称"厌倦了高雅品位"，她的服装面料上印着唇膏、小熊和大手印图案。

1980年
巴西的亚马逊森林掀起淘金狂潮，共发现价值4.5亿美元的金子。

1996年
宾夕法尼亚州的麦克费登（Carol McFadden）收集有24167对各不相同的耳环。

针，大型手镯和巨大的夹式耳环在20世纪50年代初风行一时。幽默感也颇为重要：珠宝商Asprey推出可水洗的塑胶葡萄胸针，是1949年的流行饰物。

60年代初，脖子上挂着数串珍珠项链被勒得喘不过气是当时的风尚，紧接着有视幻艺术珠宝。Monty Don制作了Liaisons dangereuses风格的亮饰胸针和巨大的人造钻石坠儿。拉克鲁瓦（Christian Lacroix, 1951～）推出极度夸张的巴洛克风格的饰物，成为80年代设计过度的象征。90年代末，设计又回到比较精致的式样上，金银丝透雕细工项链，复古设计师派莱蒂（Elsa Perretti, 1940～）因她那复

闪光的并不都是金子（钻石自然也不是真的喽）。

杂的心形、水滴形图案，自得其乐。她设计的产品已成为最令人向往的蒂凡尼（Tiffany）珠宝店的必备珠宝。从1980年即为蒂凡尼效力的巴洛玛·毕加索（Paloma Picasso, 1949～），从涂鸦壁画和亲吻十字中得到灵感，创造出富有现代气息的款式。

戴着这么多Zanzara极富异国情调的珠宝饰物，还要穿上连衣裙吗？

1900年
最热的舞蹈是阔步舞（cakewalk），每对舞伴顺序穿过舞厅的时候都要高高地踢腿。

1912年
莎拉·伯恩哈特（Sarah Bernhardt）因主演影片《伊丽莎白女王一世》红极一时，该影片创下了前所未有的80000美元利润。

1926年
制片商哈尔·罗奇（Hal Roach）突发奇想意欲推出他新近签约的两个演员——劳瑞尔（Stan Laurel）和哈代（Oliver Hardy）——并问他们是否有意合作。

1898年～1950年
浮华趣味
好莱坞万岁

电影界最多产的设计师海德（Edith Head）在使用画板。

穿着华丽的服装。

在被称为"电影的黄金时代"期间，好莱坞在世界穿着趣味上投注的光芒，比巴黎所有天桥上的时装设计还要闪亮。在20世纪三四十年代，引得妇女们一窝蜂地跑到美发厅、美容院和裁缝店去的，是银幕女神嘉宝、黛德丽、克劳馥和戴维斯（Garbo, Dietrich, Crawford, Davis）。香奈儿或斯基亚帕雷里早已被人遗忘。

早期电影史上，并没有专门的服装设计师，能够提供服装行头的女演员比一个只有一提箱服饰的竞争同行有更多上镜机会。服装设计师是在不得已的情况下产生的——大明星每周工作6天、每天工作14个小时，根本片刻闲暇光顾当地的女时装店，看看橱窗陈列品。随着电影的影响逐渐增加，电影女明星的时尚影响力自然也越来越大，虽说幕后似乎并非如此。在屏幕上为获得一个真实的黑颜色，而黑白影片歪曲了色彩，剧组的服装制作得使用胭脂

为明星制戏服

服装设计师伊迪丝·海德的职业生涯长达50多年及1000多部电影。在耗资巨大的影片《迷魂记》、《慧星美人》、《骗中骗》、《日落大道》、《77年航空港》中的表现使她声誉鹊起。她起先是派拉蒙公司的速写画家，在转到环球制片前，已成为片场的大牌设计师。在《国王迷》中，她为4万名临时演员设计戏装；在《淑女伊芙》中她为一条蛇做了项圈；为导演戴米尔（DeMille）的大片工作期间，饥饿的大象吃掉了她的戏服。她的设计引发了20世纪40年代西班牙式的时装走向，多萝西·拉莫尔（Dorothy Lamour）在与霍普、克劳斯贝（Bing Crosby）合演的电影《在路上》（On the Road to）系列中穿着她设计的纱笼，从而令举世仿效。她八次荣获奥斯卡奖，好莱坞历史上的大明星几乎都穿过她设计的戏装：贝蒂·戴维斯、丽兹·泰勒、梅·韦斯特和黛德丽。

1931年
胡佛（Hoover）总统以为他找到了解决美国经济问题的方法："我们国家需要的是痛快地大笑一场。"他的政治生涯以失败告终。

1944年
被控告"在德军占领期间与敌人有染"的法国妇女要被剃光头发。

1949年
罗伯特·米彻姆（Robert Mitchum）因吸食大麻被判处两个月监禁。

帝国反击

1947年，由于Dior"新形象"的出现，巴黎的时装界总算向片场体制进行了报复。因为大多数好莱坞电影都要用一年的时间制作完成，所以直到1948年，观众们才能看到偶像穿着最时髦的掐腰身的大裙子。

红色——在影片所有有关葬礼的镜头中，这种颜色必定会投下一束不祥的阴影。

对服装设计者来说，有声电影使各种麻烦一下子凸显。由于最初的电影录音技术所限，服装面料必须是"无声的"[沙沙响的塔夫绸（taffeta）绝不能用]，在镜头中晄啷晄啷的珠子手镯也会招来灾难。再后来，特艺彩色印片法因为让戏服看起来过于华丽而遭到攻击，如果艳丽的服装抢去了演员们的风头，像希区柯克这样的导演就会大发雷霆。但是，尽管有这样的缺陷，当琼·克劳馥炫耀地穿着带垫肩的套装出现在1932年的经典影片《情重身轻》（Letty Lynton）中，纽约的Macy's百货公司在一年内售出了50万件类似的时装。克劳馥用化妆品把她的上唇涂得丰厚以创造"克劳馥式的唇"，结果到处都在模仿她的妆容（今天drag queen仍在仿效）。当时还有不计其数的女人一窝蜂涌到美发店去做珍·哈露（Jean

Harlow）的金色短发发型。古装服饰作为当时潮流重现：假如扮演伊丽莎白女王一世的演员喜欢烫发和20世纪40年代的妆容，甚至喜爱美甲、低领口的晚礼服，她定会自行其是。大明星们首开时尚潮流，只要制片厂仍在提倡明星体制，观众就还会竞相模仿他们心中的偶像。

珍·哈露戴假发以掩盖被过氧化物烫出的疤痕。

奥黛丽·赫本依靠食用小方冰块和生菜保持苗条体形。

1928年
英国女演员赫敏·巴
德雷（Hermione
Baddeley）在婚宴
上穿着长裤引得人们
说长道短。

1948年
戴姆勒公司为把手伸到窗外的
孩子们开发出电动车窗。

1973年
安妮公主和菲利普上校
的婚礼是第一次通过电
视转播的皇家婚礼，当
时全世界约有5.5亿人观
看了这场婚礼。

1920年~1998年
皇室狂潮
君王的魅力

诺曼·哈特内尔检查服装下
垂的褶裥，哎哟！这是衣
服，可不是窗帘呀。

温莎皇室成员总是用一扇窗户，向我们平民百姓展示出贵族气派的一面（不过有时候最好有人提醒他们拉上窗帘）。被赐予皇室恩惠的设计师们，总禁不住受宠若惊、喜不自胜。

皇室的Norm

哈特内尔（Norman Hartnell）1938年被任命为英国皇家裁缝师，主要负责王太后和伊丽莎白女王二世的着装。他不仅为女王制作了婚纱和嫁衣，还为她置办了1953年加冕典礼的礼服，奢侈地绣上大不列颠和英联邦的国徽。家居的服装多半是缎子、薄纱、绣花，他也用保守的粗花呢套装、大衣装扮皇家成员。真是个怪人！

爱德华八世早在与辛普森夫人（Wallis Simpson）结婚以前，就因其狼藉的生活方式和华丽的衣装而令人窃窃私语；相对受人敬重但风格沉闷的乔治六世而言，他做出了好比道林·格雷式的选择。伊丽莎白王后（王太后）永远不会原谅沃利斯，称她是"衣着过时的女公爵"——这是对她那毕生喜爱有飘动的蕾丝花边、褶皱饰边衣服的残酷评价。幸好诺曼·哈特内尔（1901~1979）帮了王后一把，模仿维多利亚早期风格的裙装打扮，非常适合王后圆滚滚的身材。

未来的伊丽莎白女王有着清秀、稍带点男人气概的脸庞和身材，绝不肯冒任何风险，她安然选择了阿米斯（Hardy Amies, 1909~2003）和哈特内尔结实的时装风格。"坏女孩"玛格丽特公主和女王截然相反，公主敢偷偷地翻阅Dior的"新形象"，21岁生日穿着Dior的舞会礼服。她是王室成员的"伊丽莎白·泰勒"，年轻的时候，人们热衷于模仿她的穿着打扮；直到她中年发福，和情人在热带岛屿上穿着土

玛格丽特公主与阿姆斯特朗-琼斯（Antony Armstrong-Jones）结婚时穿上经典的婚纱礼服。

1982年

Michael Fagan潜入女王在白金汉宫的卧室，偷了一瓶葡萄酒，还向女王要了一支香烟。

1995年

加拿大一个访谈节目主持人伪装成总理，播放了他和女王的电话交谈，询问女王对魁北克独立的看法。

1997年

威尔士王妃戴安娜的一条连衣裙在Christie拍卖行以20万美元成交，成为世界上最昂贵的礼服。

耳其长袍调情为止。

查尔斯王子为"老古板"这个词注入了新含义，他和20世纪或许最有风格和影响力的女性——戴安娜王妃结婚（又因此和戴妃离婚），真是令人惊诧莫名。在婚礼上，腼腆的戴安娜置身于一大堆由戴维和伊丽莎白·艾玛努埃尔设计的物品：笨笨的三角帽，紧身衣，至踝部的短袜和惨不忍睹的礼服（对不起老友，可确实如此）当中。这种痛苦日渐得到证实。至戴妃辞世时，她已由一位尽忠职守、从有限的选择中推广英国时装的王妃，成为一个舒适地乘坐喷气式飞机、展示身上名牌的阔气一族。她的服装从Versace、Ungaro、Lacrox、Chanel，到她喜欢的老牌子Catherine Walker、Amanda Wakeley。媒体奴性十足地追踪着她，她重新把制作精良的女式连衣裙外衣引进时装界；富有戴妃特色的便装上衣，紧身半截裙以及衬衫都成为流行的装束。至于她的儿子威廉王子在穿着方面会如何表现，大家正在拭目以

这张能使杂志售出一百万份的女人面孔，一如既往是公众注意的焦点。

待，但至少有一点可以肯定，查尔斯的心上人卡米拉根本就不是个风格竞赛的参赛者。

1901年
Ransom E. Olds售出425辆美国第一种受欢迎的汽车Oldsmobiles，每辆车售价650美元。

1943年
英国《时尚》建议读者订购服装的时候，最好不要选择连衣裙，而要选择一件衬衣一条衬裙。

1952年
伊迪斯·伊万斯（Edith Evans）在根据王尔德《不可儿戏》（The Importance of Being Earnest）改编的电影中，喊出了不朽名言"手提包？！！！"。

*Fendi*的牛角包：买了这么一个，得好几个星期不吃饭。

1900年至现在
手袋
身份的象征

无论是天线宝宝（Teletubby Tinky Winky）、王太后，还是拎着最新款Gucci袋的时装编辑，手提包的社会学意味至少和它作为配饰的功能同等重要。我们杜撰出"手袋屋"这个词来指称那些商业化的舞蹈音乐（夜总会里，拿着手袋跳舞的女孩子通常被视为精神有问题的），在英国，挎着手提包的男人当然会引起人们对其性别的议论。爱生气的旧式女人会拿拎包打你，异性装扮癖把手袋挂在柔软的手腕上，时尚受害者因一个不显眼但魅力十足的小商标而洋洋得意。

在所有的配饰中，女式手袋的角色最多样，与时尚的联系也最显而易见。通常人们需要苗条的体形穿上时装才好看，手袋却不同，只要一副肩膀就能大出风头。手袋既可作为身份象征，又兼作体现季度时尚和随意搭配的饰物。每个年代都会出现轻便的流行款式，当我们跨入21世纪，意大利人可能会在市场上大显身手。

Prada、Gucci（见第128～129页）、Fendi（见第114～115页）这些牌子自然都是时装店，但事实上它们的时装销售额

1999年最时髦的手袋：Gucci（上）和Prada（下），你的是什么牌子？

男士用包

在英国和美国，男人与手提包概不沾边——假如你不用最新款的登山帆布背包，也不用带有暗锁的公文包，那你似乎不会接受在手腕上吊一个小皮包当作男性的象征。可是在欧洲大陆，男人带小提包司空见惯。在当地的摊上或街头咖啡馆的桌子上，黑色、棕色的名牌小包有简洁的造型，不是为了放唇膏、睫毛膏什么的，而更适合放一包烟、一串车钥匙。

1979年
就我们所知，撒切尔夫人（Mrs. Thatcher）成为英国第一位拎手提包的首相。

1985年
柯林斯（Phil Collins）发行一张题为《No Jacket Required》的个人专辑唱片。

1990年
一个14.6米×7米×5.7米的巨大篮子在俄克俄州德累斯顿制作完成。

STYLE ICON ★

格蕾丝·凯利（Grace Kelly, 1929~ 1982）是模特儿出身，后来成为崭露头角的女演员，是希区柯克喜爱的金发碧眼的冷美人形象。1956年她嫁给一位王子，这是女人梦寐以求的生活方式，因此她那（昂贵的）审美趣味被人们竞相仿效也就不足为奇了。20世纪50年代，以她的名字命名的Hermès Kelly包是上流品位的缩影，即便在今天，若把那些昔日流行的样品拿出来拍卖，近50年来变化不大的经典造型，在价格上仍能与新包一比高下，甚至更贵。

杰出的包女：格蕾丝·凯利最爱她的Hermès包。

FASHION ESSENTIALS

手袋的其中一个乐趣是它们会留下匠人的手艺水平，（不像众多名牌的跨国品质。）每个时装城市都有它自己的一茬设计师，制作古怪引人又有个性的手提包，和那些财大气粗、在《时尚》占满六页大做广告的对头公司比试一番。若在巴黎，你要看一看Jamin Puech别致的制包材料；在纽约，Kate Spade为年轻的行政人员准备了旅行手提箱；在伦敦，Lulu Guinness绣满花卉的小包最受我们眼下这茬"性感女郎"的青睐。

只占总收入的25%多一点，创造了全球巨额销售量的是，各种带有亮闪闪商标的配饰和鞋子——你若不信，尽可在时装发布会期间逛一逛米兰，到那时，每家店铺的商品都被时行家劫掠一空，这些内行人在空荡荡的货架四周流连徘徊，好似塞伦盖蒂的兀鹫一般。

价格不菲的真品，被珍贵地裹在棉纸里，精心鞣制的皮革散发出馥郁的芬芳。但便宜的仿制品外表和真品做得一模一样，从曼谷到纽约，堆在行人道上，随处可见（见第 120~121页）。（见第120~121页） 不过尽管有这些大规模的赝品，配饰对高级时装设计所起的作用，还是在巩固当今时装界几家徒有虚名的公司的财源。曾经受聘于Louis Vuitton的美国设计师Marc Jacobs（1960~），把一度是中产阶级高雅趣味象征的品牌改头换面；而设计师Tom Ford重新建造了Gucci，使它从破破烂烂的机场店铺商品，再度成为一个令人欣慰的奢侈品牌，是当今时装界最值得讨论的传奇之一。

50年代有18k金配件的Hermès手袋。

1939年
华纳兄弟（Warner Brothers）发明了胸罩杯的尺寸。

1940年
薇拉·琳恩（Vera Lynn）演唱《多佛尔的白色悬崖》，一个喜剧演员开玩笑说："战争是薇拉·琳恩的代理人发动的。"

1942年
政府鼓励英国人"为胜利而耕耘"，在自家后花园里种植蔬菜。

1939年～1945年
在田里劳动
时装定量配给

尽管面临德军V型飞弹的威胁和定量供应的诸多不便，第二次世界大战期间的女人仍想方设法，通常使用充满智慧的方法来满足自己对时装的需求。

两个女人在讨论狗身上有没有足够的皮，做一条冬天用的小披巾。

英国政府对工厂实行压制政策，"标准化实用服装"和"定量配给"这些词语沉重地压在时装杂志的每一页上。开始只是丝袜这样的物品受限制，渐渐地到了1941年，成年人每人只定量供应66张票证。概言之，一套女服就需要18张票证。

1941年6月，令人沮丧的"标准化实用服装"方案推出，强迫厂家制造的85%的服装都采用标准款式和面料（经穿又耐磨，也就是说，不性感）。

尽管日常用品极度匮乏，还是有一些心灵手巧和足智多谋的人想方设法克服困

躲猫猫！人们只记得维罗妮卡的发式，而不是她演的电影（如1942年的《风流女妖》）。

STYLE ICON
⭐

*电影明星**维罗妮卡·莱克**（Veronica Lake）的长发发型很具个性，一绺长发垂下来遮住一只眼睛。她的发式成了战时的灾难。这种发型在工厂做工、农田干活时很不方便，但女人喜欢，并且顽固地追随着这种式样。有人发动了一场同心协力的运动，使电影明星心甘情愿地扎起头发，即便如此也收效甚微。有些工厂甚至采用发网，力图降低危险；社会上流传着骇人的传闻，维罗妮卡式的长发被卷进机器，剥掉了头皮*

1941年
劳伦斯·奥利弗（Laurence Olivier）和费雯丽（Vivien Leigh）因主演爱国题材电影《Lady Hamilton》而走红，丘吉尔说这是他最欣赏的影片。

1942年
驻扎英国的美军部队严禁饮用当地牛奶，担心未经巴氏消毒的牛奶会导致疾病。

1945年
一架飞机撞到帝国大厦上，在78层和79层之间撞出一个大洞。

难。"自己动手，缝缝补补"进入了日常语汇，妇女做一切自己能够插得上手的东西，开始缝补拆换。毛线衣被拆开重织，窗帘被征用了，大衣是用旧毯子做的，鞋子旧得拿去修补才能勉强穿着，不然就只能从国外走私。

穿军服的女子

并不是只有男人才穿军服，尤其在1941年女性被强征进入工厂、农田和军队工作之后。干农活的女子穿着别具一格的衣服：劳动布工人裤、帆布绑腿、绿色针织衫（还有一两条头巾），完全是一副为战争作贡献的打扮。许多女性还是第一次穿上长裤（好歹还是她们自己的裤子）。应征入伍的女子，包括WRNS（皇家海军妇女服务队）和WAAF（空军妇女辅助队）所穿的军服如同男装夹克，配半截裙和紧身短上衣。

看一看化妆品那就更是一场噩梦：有些化妆品消失了，香水成了极其珍稀之物。战时政府将制作化妆品的工厂产量削减到战前的四分之一，人们用肥皂洗头发，黑

一点幻想！
丝和尼龙制的降落伞成了面料的必要来源，被回收后制成短衬裤、胸罩和睡衣。长长的三角部分可被拆下来重新设计，丝绸肯定比尼龙要好。黑市上充斥着难弄到的降落伞材料，另外一个得到降落伞的方法，是在制造它的工厂工作。到1945年降落伞公然摆在商店里出售，附有从其各部分尽可能多地做出内衣的说明书。

市交易非常猖獗。丝袜简直成了奇迹。女人很讨厌被人看到未穿丝袜，许多人依靠美国军人提供：除了口香糖和巧克力，美军似乎还有源源不断的丝袜供应。有些女子选择了"腿部化妆术"，在腿部涂一层颜料，还在腿后画画一条线缝；亦有用水和沙拌成膏状涂在腿上。难看的短袜被重新染色，旧袜子也被再次穿上。

大多数战时限制政策到1949年才解除，1945年军人被遣散，文明生活意味着需要现金和服装票证，直到Dior的"新形象"（见第70～71页）的出现，才打破了标准化实用服装的禁忌——虽说战后绝大多数的妇女只能一饱眼福而已。

在田里劳作的女子发现了工人裤的乐趣（上厕所要预先作好准备）。

1934年
世界上第一家洗衣店在德克萨斯州开业，该店有四台电动洗衣机。

1942年
芭蕾舞剧"Rodeo"在纽约大都会歌剧院上演，由Aaron Copland作曲。

1956年
猫王埃尔维斯·普莱斯利的第一部电影《铁血柔情》（Love Me Tender），在影片中他被枪杀身亡，但在结尾以幽灵的形象出现并唱了同名歌曲。

1873年至现在
牛仔风格
牛仔布的历史

满足淘金者的需要。

对牛仔布发烧友来说，1873年5月20日注册的专利139号和121号在他们心中不难引起共鸣，它意味着Levi's第一条得到官方许可的牛仔裤。这是干货商人斯特劳斯（Levi Strauss，？～1902）和拉脱维亚裁缝戴维斯（Jacob Davis）的智慧结晶，他灵机一动，在牛仔布工人裤上铆上五个口袋，免得某个难弄的顾客把裤子口袋撕掉。

今天，牛仔裤对全世界的顾客来说，有着巨大的社会和情感重要性。

就我们所知，相传牛仔布起源于法国的Serge de Nimes面料，即指丝和羊毛混纺而成的卡其布，17世纪末在法国十分普遍。一般认为，这种面料首次传到英国的时候，英国商人很难发出Serge de Nimes这个音，遂将该词简称为丹宁布（denim）即牛仔布。

甚至"牛仔裤"这个词语本身的词源学意义也颇复杂，历来众说纷纭，可能从"热那亚人的"（Genova）转化而来，起源于热那亚港口的意大利人所穿着的一种裤子，也可能来自19世纪美国广泛地用作工作服的卡其布的普遍谓称。自然，自1873年斯特劳斯注册了第一条钉口袋的裤子以来，"牛仔裤"这个词就被用来称呼

李维斯公司的模特儿，20世纪80年代的偶像尼克·凯曼（Nick Kaman）为了女孩子放弃了自己。哦！看他的牙齿。

1967年
在越战最激烈的时候，灵应牌（Ouija）的销售量急剧增加到二百万。

1983年
Katherine Hamnett开始在T恤上印一些生态学、政治学的口号，如那句著名的"58%的人不想要潘兴"，她穿着这样的衣服去见撒切尔夫人。

1997年
李维·斯特劳斯花了25000美元购买了一些据说在1886年到1902年之间制作的501号牛仔裤。

仔像从一幅Norman
Rockwell画中走出来
的20世纪50年代的青
年。

任何一种斜纹布制作的长裤，但直到20世纪50年代中期，李维斯公司开始为它的产品做广告，说它"适合校园"时，这个词才在美国流行开来（不过遭到保守派的广泛反对）。

到20世纪50年代末，牛仔裤已经成为美国构成的一部分，1958年一张报纸声称："大约百分之九十的美国青年到哪里都穿着牛仔裤——除了在床上，在教堂里。"第二次世界大战期间，美国士兵不值勤的时候就穿着牛仔裤乱闯，再加上摇滚乐诞生，引起广泛的青年文化和反抗，大大推动了牛仔裤在欧洲的普及和流行。

70年代欧洲和亚洲的牛仔裤已极为盛行且成了滔天洪水。传统的五袋"西部"牛仔裤（这种款式在过去一百年来几乎没有什么变化）已被归入当代时装之列，喇叭裤已合乎礼节要求，老牌子的牛仔裤公司也开始将非劳动布制作的产品吸纳到自己的品牌下。

80年代牛仔布盛极一时，名牌牛仔裤十分流行，花一点钱就能买到神秘的具有象征地位的名牌。一些新的面料处理如"酸

FASHION ESSENTIALS

Calvin Klein（见第104页）于20世纪70年代一跃成为牛仔裤的领导一族，波姬·小丝（Brooke Shields）感叹说："我和我的Calvin牛仔裤亲密无间"。Chanel展出了牛仔布套装，Versace推出了带商标的牌子；现在你还可以买到定制的有纳瓦霍（Navaho）刺绣和毛皮的Gucci牛仔裤，或在日本老式织机布上织出的Evisu牛仔裤。

洗"产生了不同的表面效果，补充了传统的环砂洗方式。

今天，"牛仔裤"这个词可指称许多东西，面料可以是斜纹布、印花缎或是厚毛头斜纹棉布。如同任何一种时装现象，它也有市场上不同层次的追随者，从为女装大码裤加上松紧带的德国制造商到老式牛仔裤的狂热爱好者。据说有人竟为一件特别罕见的样品，情愿掏出10000英镑。

1999年的Gucci牛仔裤：破洞、毛边、补丁加上刺绣。

1943年
佐特（Zoot）套装在旧金山市引发了骚乱，美国士兵看到穿这种衣服的人就上前攻击。

1951年
从法国进口的鳄鱼牌（Lacoste）网球衬衫在美国销路极佳。

1968年
福斯伯里（Dick Fosbury）为美国赢得奥林匹克跳高金牌，他创造了"福斯伯里跳法"：头先过杆，后背轻轻掠过跳杆。

1940年至现在

快速时装
如何潇洒地跑上一公里

比基尼的原型：麦卡德尔
1946年的腰布沙滩装。

战后有两位美国设计师赢得了国际的认可——麦卡德尔（Claire McCardell, 1905~1958）和候司顿（又名Roy Halston Frowick，1932~1990）——轻装便服成为炙手可热的畅销货。穿着这种衣服闲逛很舒服，就算你从来不流汗，对那些穿着Dior掐腰外衣透不过气的人来说，便服是很有用处的。

麦卡德尔抛弃欧洲风格，选取了有美国色彩的构思：前卫的印花布、工人裤和牛仔风格的印花大手帕，还有印上运动明星和漫画明星的衣服（唐戴尔、蜘蛛人、查理·布朗，随便你选择）。虽然她绝对是为自己设计，但是美国妇女无比尊敬她，喜欢她那舒适、实用却有特色的服装。她为曼哈顿制造厂Townley工作期间，创意地设计了斜裁的像帐篷一样的"和尚装"，在24小时内即告售罄，成为设计经典，对那些吃完感恩节大餐肚子胀鼓鼓的人来说，和尚装再理想不过了。

麦卡德尔在战时限制期间工作出色（见第60~61页），用破烂的金属扣和剩余的气象气球棉线设计。她还颇有超前意识地提倡使用易打理、可大量生产的纺织面料，这已成为后来美国时装设计的一个标准。

1973年

为Buffalo Bills效力期间，O. J. Simpson成了第一个在单一赛季中奔跑超过1828米的美式足球运动员。

1974年

阿里（Ali）在那场被称为"丛林之声"拳击赛的第八回合击倒福尔曼（George Foreman），再次获得重量级拳击冠军。

1988年

以华丽的运动装和吓人的手指甲著称的格里菲斯—乔伊纳（Florence Griffith-Joyner），在汉城奥运会上为美国夺得100米和200米短跑金牌。

穿着McCardell舞会礼服的女子在沙滩上嬉戏。

最伟大的舞蹈家：Halston的迪斯科时尚，1975年。

线条优美的针织衣

候司顿是个很不一样的设计师，最早以女帽设计起家，其顾客包括默片时代的大明星葛洛丽亚·斯旺森（Gloria Swanson）以及杰奎琳·肯尼迪（无边平顶的圆筒女帽是他的作品）。1966年他首次召开个人成衣时装发布会，不久即开发出别具特色的修长便服，从而确立了下一个十年美国便服的发展趋势。候司顿最著名的设计是紧身针织装，有圆翻领衫、阔脚针织裤、贴身束腰外套、前裹式裙和颈部系带的紧身长裙。他尤其喜爱毛料针织物这样柔软的面料。1972年他已经名扬天下，是名流俱乐部Studio 54的常客。然而，由于他与廉价服装店JC Penney不明智的往来，Bergdorf Goodman不再出售他的设计系列。虽然候司顿力图重建黄金岁月，却再也未能恢复昔日镁光灯下的地位。

Klein后来居上

继承候司顿衣体的是卡尔文·克雷恩（1942~），他早期精于大衣和西装的设计，后来在时装发布会上以线条简洁、做工精致的便装而声誉鹊起。曾有这么一个故事，一个专程前去Bonwitt Teller的采购员，在约克饭店走错了楼层，无意中发现了克雷恩的工作室，遂当场订下了50000美元的订单。克雷恩迅速扩大经营品种，成为最别具特色的品牌，还引领了名牌牛仔裤的潮流。他的作品始终保持着结构简单、外形讲究、色调柔和、没有任何花哨的细节，是那种中性的、男女都能穿的类型，所以1978年他轻易地转向男装设计。

1946年
由帮会头目席格尔（Benjamin "Buggsy" Siegel）和兰斯基投资赞助的弗拉明戈（Flamingo）酒店在拉斯维加斯开业。

1950年
新墨西哥州发现了一头被烧得很厉害的黑熊崽"冒烟小熊"，它成了预防森林大火广告运动的象征。

1954年
美军在比基尼珊瑚岛进行的氢弹试验之后，厚厚的放射性尘埃落到了日本渔船"幸运之虎"号上。

1955年
花样游泳被列为新墨西哥城泛美运动会的竞赛项目。

1946年至现在

纤细、细小、娇小
我们穿上遮羞布吧

放射性尘埃。

谁能想到在南太平洋一个叫比基尼的珊瑚小岛上进行的一系列核试验，会和一种最能引起人们联想的布片联系在一起呢？当然，比基尼的构思已经酝酿了好久，在这个想法之前，根据罗马壁画上已露端倪的款式，人们后来设计了沙滩装，但在1946年，一个叫瑞德（Louis Reard）的机械工程师正式将这个聪明的想法变成了专利设计，让一个跳脱衣舞的女人穿上并向众人展示。

这款比基尼是用Bri-Nylon做的，模特儿是塑胶做的。

与此同时，黑姆（Jacques Heim，1899~1967）推出了他自有版本的比基尼，给它起了个名字叫"原子"，证明两个男人都不约而同地联想到炸弹。瑞德的首次尝试在当时令人无法容忍，不过离20世纪70年代系带式比基尼并不太遥远。他接着在巴黎开了一家店，卖出了100多种不同款式的比基尼。

比基尼成了刚出道的女演员展示她们漂亮身材的绝佳工具：玛丽莲·梦露、丽塔·海华丝、多丝（Diana Dors，她有一件定制的水貂皮比基尼），简·曼斯费尔德（Jayne Mansfield）都曾穿着这些小布片欢快地扭动过。

比基尼的款式总是在嘲讽声中左右摇摆，它成了夏日报纸销售保证的良方：女

GOSSIP

喜欢晒太阳的人，张开双臂欢呼比基尼的诞生，天主教会却诅咒这种新款式。演员Esther Williams说她到死都不会穿比基尼。战后的英国绝不会冒险去赶这个时髦，所以，竞选第一届世界小姐的时候，参选者要求穿上贞洁的连衣裙泳装。但没过多久，1954年，罗伯特·米克（Robert Mitchum）在康城脱掉了一个刚走红的演员的比基尼上装，这种消遣开始为人所喜爱。八年后，比基尼因为一首流行歌曲itsy bitsy polka dot bikini而不朽，若没有比基尼，这首歌早就被人遗忘了。

Freud的设计，随便你
怎么想入非非。

人穿上像螺旋桨叶片一样的比基尼上装，在身体的关键部位粘上商标、蝴蝶、猫咪、英国国旗，还有可食用的比基尼，刺猬皮和真正毛发的比基尼等。而事实上，当时店里出售的款式受到很大的限制。50年代，比基尼好像是劳拉·阿什利（Laura Ashley）的室内设计，都是些荷叶边，印花棉布、尖起的有结构的胸罩，处处强调细节。

60年代流行钩针编织和低腰、系腰带的款式，但面料越用越少，暴露的身体越来越多，到最后干脆变成了遮羞布和几条带子。在裸露上身的日光浴出现之前，无肩带式比基尼很受欢迎，可减少身上留下的条条斑斑。

丽莎·布鲁斯（Liza Bruce，1955～）用莱卡、绉丝、真丝制作较高级的泳衣。诺曼·卡玛利（Norma Kamali，1945～）推出了难看的亮闪的比基尼。80年代，Day-Glo闪彩荧光漆和新型的起绉面料一统天下，这种面料穿上后会撑开，很贴身。

莱卡面料改变了比基尼，使它更合身。金属纤维被引进，人们试着把眼光转向老的款式（受二三十年代款式影响）。比基尼的短裤小得只有挂在耻骨上的一点，巴西的海滩成了著名的小三点式之家。虽然越来越多的人接受裸露上身做日光浴的想法，但是看来比基尼仍然会存在下去。

STYLE ICON
★

*最著名的比基尼女郎或许是瑞士女演员乌苏拉·安德丝（**Ursula Andress**），1963年她初登影坛，在詹姆斯·邦德电影《铁金刚勇破神秘岛》（Dr. No）中浮出海面。多亏了肖恩·康纳利（Sean Connery）的帮忙，她穿着当时最棒的比基尼，白色，围着特别性感撩人的子弹袋，腰上挂着一把刺刀。*

乌苏拉·安德丝在当年最红的大片中扮演名叫Honey Rider的角色。这部电影十分卖座。

1944年
《十七岁》（Seventeen）杂志推出有关"约会与羞涩，而不是原子能"的文章，迎合青少年的阅读趣味。

1949年
从黄豆中提炼出第一种可食用的植物蛋白质。

1953年
钱德勒（Raymond Chandler）在《漫长的告别》中写道："酒精犹如爱情，初吻如同过电，再吻亲密无间，三吻例行公事，再往后，脱衣上床！"

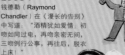

20世纪40年代～70年代
轻触华美
Diana Vreeland

在漫长的工作生涯中，薇兰德（Diana Vreeland, 1906~1989）先是任职于《哈泼芭莎》（Harper's Bazaar）杂志，后任美国版《时尚》杂志主编，纽约大都会艺术博物馆服装馆馆长，在每一个雄心勃勃的时装权威机构里，薇兰德都是当之无愧的重要角色。小说家卡波特（Truman Capote）把她描述成"那种很少有人能够认识到的天才，除非你自己首先是个天才，不然就会以为她只是个愚蠢的女人"。她的身上体现出魅力和浅薄，通常与时装新闻界联系在一起。如果说，她的个性比她的生活更突出，那她的成就亦然。

印刷精美的杂志

第一期美国版《时尚》（Vogue）于1892年创刊，是为上流妇女出版的时装杂志周刊。英国版《时尚》紧跟着于1910年推出，此后法文版、奥地利版、西班牙版、德文版相继创办（西班牙版、德文版在出版几期之后停刊）。自创刊以来，《时尚》继1867年创办的《哈泼芭莎》（Harper's Bazaar）之后成为20世纪影响最大的服装杂志权威。《女性每日着装》（Women's Wear Daily）最初是同行杂志，自1960年起开始公开发售。这些印刷精美的杂志主要依靠广告收入，很少卷入政治辩论，而倾向于反映现实，如第一次世界大战前有几期批评那些主张妇女参加选美的人是"哗众取宠"，主张女人的位置应该是"待在家里"。

薇兰德在20世纪30年代中期即小有名气，那时她主持《哈泼芭莎》一个叫《你为什么不……》的栏目，通篇充斥着古怪的建议和名言妙句，意在鼓舞并提供娱乐给正在从暗淡的经济衰退时期复苏的社会大众（见栏中举例）。

1939年她被聘为杂志的时装编辑，在这个岗位上她一干就是23年，直到1963年当上美国版《时尚》的主编为止，杂志的画面和文字内容便立即刻上了她那独特气质的印记。就算你想要蓝色的单根马鬃的野生牡马，她的杂志也能满足你的要求。但凡有实验涉及视觉的事物，薇兰德的号令总是有利于这个实

尊严的女士：在《哈泼芭莎》杂志上穿得稀奇古怪，1933年。

1960年
洛佩兹（Antonio Lopez）将大胆的风格和波普艺术式的幽默引用到了时装插图中。

1969年
在威斯康辛州，牛奶公司平均每天产奶量为11.3升，1940年每天只有6.78升。

1975年
创办了美国卡车司机兄弟会的霍法（Jimmy Hoffa）于某个夜晚失踪了，人们相信他是被流氓所害。

验，她密切注视着才华初露的摄影师、设计师和模特儿。她还发明了美丽人群这一概念（即渐为人知的BNP），创造出诸如"粉红是印度人的海蓝色"这样的句子，已被时装史学家列为不朽名言。

薇兰德的脾气十分怪异：她曾经解雇一位助理，只因为人家穿了一双略咯作响的

皮鞋。她在《时尚》杂志的统治地位所赢得的尊重与她让人害怕的程度不相上下。但不幸的是，这一切到了1971年便都结束了，出版商Condé Nast认为新一代职业女性编辑需要的是少一点抱负、多一点现实的时装观念。他们说："你为什么不……"薇兰德被不光彩地解职了。同年她再次复出，担任纽约大都会艺术博物馆服装中心的特别顾问，她将一系列展览搬上博物馆展台，吸引了众多参观者的注意。一系列成功的展出，如1979年的俄罗斯芭蕾舞团服装展，对天桥上的时装起了很大的影响。

薇兰德在展示Balenciaga只有一条线缝的大衣。现代美术馆，1977年。

薇兰德是那种惹人注目的女人，鸟喙般的鼻子，总是涂着深红色的唇膏，在美国上流时装界，她始终是德高望重的人物，赢得了无数的荣誉和奖励。她出版了一本有关时装的著述《Allure》（1980），还出版了自传《DV》（1984），有人批评这是一堆谎言，搬出一堆名人抬高自己的身价。但毫无疑问的是，这本书读起来仍十分有趣。

FASHION ESSENTIALS

薇兰德名言录：

☞ 你为什么不在香烟上印上个人徽章，像著名的爆破手在他的训练机上刻下自己的标记一样？（1936年7月）

☞ 你为什么不在育儿室四壁绘一幅世界地图？免得你的孩子长大后只有地域观念？（1936年7月）

☞ 你为什么不像法兰西人那样用走气的香槟酒漂洗你儿子的金发，让它始终保持金色？（1936年7月）

☞ 你为什么不献给你所倾心的乐队主唱的妻子一个由狭长形宝石和椭圆形翡翠做成的"爵士乐队"呢？（1936年12月）

☞ 你为什么不戴着樱桃红棉丝绒的宫廷弄臣风帽踏雪寻梅呢？（1937年1月）

☞ 你为什么不戴着紫红色的天鹅绒露指长筒手套处理一切事情呢？（1937年2月）

☞ 你为什么不像（演员）康丝坦斯·柯莉儿（Constance Collier）那样在你的客厅里放一张带镜子的桌子，再准备一支钻石铅笔，让来客在镜子上签名？（1938年4月）

好主意，迪安娜，为什么不呢？

1947年
《乱世佳人》（Gone With the Wind）的女作者米切尔（Margaret Mitchell）在她亚特兰大家乡的小镇上穿越街道的时候，被一个喝醉酒的司机开车撞死。

1948年
自圣经时代以来，犹太人第一次有了家园，在曾是巴勒斯坦的部分土地上建起了以色列国。

1950年
为缓解市内水源短缺，纽约市禁止洗澡、刮脸。

1947年～1958年
新形象
法国革命

尽管时装一向具有煽动力量，可是却只有一位设计师的一种款式不仅遭到英国政客大加斥责，还引起了社会上的广泛不安，反对者觉得它既浪费又约束，对它不屑一顾。"新形象"是迪奥（Christian Dior, 1905～1957）天才的大手笔。在战后的匮乏岁月，迪奥设计的宽宽的裙幅、掐腰小上衣却要浪费如此多的面料，再没有什么比这

巴黎最走红的名字，Dior的"新形象"系列被称为"女服时装界的马恩河之战"。

个更让人震惊的了。"新形象"裙装需要9.14米、22.8米甚至73米布料！"别在意战争"，广告词说："尽情享受宽松吧"。

迪奥出生于诺曼底一户富裕人家，1934年首次涉足女式时装界，和设计师让·奥泽恩（Jean Ozenne）同住一间公寓。时装激起他的幻想，他开始摆弄设计草图，把草稿速写卖给了女装裁缝罗伯特·贝格（Robert Piguet），后者立刻雇他做设计师。

配件很重要，从头上的灯罩式帽子到脚下的细高跟皮鞋。

但第二次世界大战爆发打断了他的发展，迪奥应召参军。战后他在勒隆（Lucien Lelong, 1889～1958）处谋到了一个职位。但不久即找到支持他独立开业设计的

Bar与Barbie

最能体现"新形象"天才设计的那一款时装叫"Bar"，套裙上装由天然丝绸制成，无肩垫，腰部紧紧掐进去，沿臀部垫起一圈让衣摆张开，使人体形同沙漏状，下装是一条阔摆褶裥裙，长及小腿肚，再配上黑手套、细高跟皮鞋。虽然其他设计师不是没有动过这种晚装款式的脑筋，但Dior恰逢其时，在战后推出。1959年芭比（Barbie）娃娃首次面世的时候，身上就穿着这款叫"Bar"的时装。

1952年
Rolodex被发明，这个旋转圆柱体改变了办公文件归档的面貌。

1955年
在勒芒举行的24小时车赛中，一辆疾驰的车失去控制，造成85名观众和驾车人死亡。

1958年
英国人帕金森（Cyril Northcote Parkinson）杜撰了帕金森法则，"用业余时间完成工作等于将工作扩展"。

经济后盾，他在蒙田大街30号租了一套房子，迪奥时装店（照我说是时装王国）由此诞生了。

迪奥立刻确立了成功的地位，发布会只有一个系列的设计，展示了迪奥时装的精神特质，从他的少年时代和青年时期的时尚中汲取灵感。"新形象"最初被称作"花冠线条"，因其以一朵向上的花朵为基础勾勒成而得名，这一主题不断地出现在迪奥的晚装系列中，长长的蓬松裙摆及多层薄纱绢网，体现了迪奥灵机一动的想象力，而日装则是大摆裙、掐腰上衣。迪奥时装的出现恰逢其时，女人已厌倦战争，渴望尽情享受生活。"新形象"恰好满足了那些手头宽裕的女人的心愿。

迪奥最后一个愿望是由年轻的圣洛朗

精心设计的主题以新创意为特色，使迪奥声誉鹊起。1947年他设计了前所未有的紧身胸上装；1948年他在摸索不对称式、立领、使裙长变短的款式；1949年，他试图用独特的饰条制造出更丰满的裙装（实际并没有那么大）的错觉，他还忙着设计宽口西服翻领和普通领。迪奥"新形象"的其他新颖之处还有刀形褶、U形领、大衣和外套腰后的带子、直筒宽松套装和细褶裙。无论是晚装还是日装，他都偏爱模仿帝国时代的X裙形、公主线、开放的郁金香形裙摆和汤匙领。被称为迪奥"第二形象"的是H形时装，1957年他还热心提倡A形女式无袖宽内衣的设计。

女人把A形裙变成直线形。

（Yves Saint-Laurent，1936~2008）继位，许多人认为圣洛朗是20世纪最后一位伟大的女装缝制大师。他确保了迪奥时装与创新设计相联系的一贯思路，1996年，英国设计师加利亚诺（John Galliano，1960~）受聘于迪奥公司，使迪奥得以持续时装王国的统治地位。

加利亚诺在1997年为Dior设计的时装充满戏剧元素。

1953年	**1957年**	**1959年**
在美国，至少有	马拉维亚（Alberto	费里尼（Fellini）的电影《甜蜜的生活》
10万家店铺出	Moravia）出版《两妇	（La Dolce Vita）有一些令人难忘的场
售比萨饼。	人》，这是一部描写	景：在Trevi Fountain的Anita Ekberg
	"二战"末期意大利	头上站着一只小猫；在一次淫乱
	难民的小说。	的狂欢会上，Nadia Gray跳脱衣
		舞；耶稣的雕像飞临罗马上空。

19世纪至现在

让头发垂下来

鬈毛狗、烫发、摩德派和莫希干式发型

L'Oreal对其护发产品有一句口头禅："你值得拥有。"关于女人对自己的发型感觉如何，这是一个很有力的说法。去一次理发店，便代表做了一次可负担得起的心理治疗，人们普遍相信这样会振奋精神，不论是洗一次头，并把头发染成蓝色，赴邻近的南泰恩赛德妇女健康协会（WHiST）会筹款，还是理一个一尺高的发型，去伦敦西区参加电影开幕典礼。

20世纪90年代末人们谈得最多的发型：Jennifer Aniston的"友善"短发，有条理，也讲层次。

沙宣（Sassoon）展示他的手艺，1975年。

19世纪以来，女人的发型较其丈夫的更能表明社会地位。18世纪关于"服饰浮华的男人"的理论让位于工业革命，扑了香粉的假发被束之高阁，成了一堆破烂儿。男士们剪了新款短发，外出工作，女士们留着笨拙而复杂的发型待在家里监管着仆人，成为社会地位的一种象征。

20年代更短的短发出现时，第一批梳这种发型的妇女被教会横加指责，教会小册子称这种发型既违背上帝的旨意，也违反

自然规律（这一点很对）。随着媒体普及，妇女越来越解放，各种发型越来越容易被时尚潮流带领。

在五六十年代，理发风靡一时。伦敦成为著名理发师的诞生地，沙宣（Vidal Sassoon）使三点式短发大为流行；一个被人私下称为"Teasy-Weasy"先生的则是当时上流社会的理发师。一些发型的名

1962年
索菲亚·罗兰（Sophia Loren）和庞帝在1957年结婚后，被指控犯有重婚罪。

1968年
德国生产了250万辆汽车；日本210万辆；法国180万辆；英国170万辆；意大利150万辆。

1969年
普佐（Mario Puzo）写了关于黑手党的小说《教父》，并在余生把这个故事续写下去。

字就像舞蹈，有鬈毛狗式（猜中它像什么也没有奖），优雅的法国褶式和蜂巢式。在60年代末和70年代初，嬉皮士则戴着珠子项链和珠串，留着平直的刘海，70年代末受到"朋克一族"（见第108~109页）的冲击。突然之间，丑陋变成了"酷"，糖和水将女人的长发变成了棒棒糖的手柄，最勇敢的女人选择最高的莫希干式（Mohican），发型上以强力发胶做最尖的发穗。现在还有少许的朋克族顶着这种发式，主要是方便美国游客匆匆看一眼伦敦的"卑污之地"，丢下一两个英镑。

但到了80年代，借助反梳和喷发剂，头发的体积迅速膨胀，电视连续剧《达拉斯》和《豪门恩怨》式的美感（见第122~123页）让观众在看电影和看戏时，被前排乱蓬蓬的卷发分散了注意力。理发店用橡胶浴帽和喷水壶，为客人染出发亮的一小撮儿头发，巨型塑胶钳形梳子将散乱的卷发理出岌岌可危的不成型高发。

到90年代，时装前途未卜，转而重新审视，把过时的发型拼凑起来，使得诱人的爱德华七世时代

的发型、乡村摇滚乐歌手的发型和摩德派重新成为时尚。青年文化认定"任何发型都行"。

海星发型：一个奇特的莫霍克族式（mohawk）发型。1992年摄于加州。

60年代的时髦发型偶像是达斯蒂·斯普林菲尔德（Dusty Springfield），她的蜂巢式发型，配上大量的黑色睫毛膏和闪亮的粉红色口红，非常完美。70年代，查理天使Farrah Fawcett Major的头发蓬松散乱又很有层次，引得许多女学生每夜都把卷发器加热效尤。朋克一族的偶像，当然是乔丹（见第109页），但乔治男孩（见第119页）自己也开创了"骇人"长发绺的潮流。

查理天使（Charlie's Angels）：借助发热卷发器和有损臭氧的喷发剂做的发型。

1960年
在她丈夫举行总统就职典礼后，杰奎琳·肯尼迪说："我不想被称作'第一夫人'。这听起来就像套上鞍子的马。"

1963年
夜总会老板卢比（Jack Ruby）在准备好刺杀肯尼迪之前，先开枪打死了奥斯瓦尔德（Lee Harvey Oswald）。

1969年
检验表明，味精能导致老鼠大脑损伤。此后，美国的婴幼儿食品制造商便停止使用味精。

20世纪50年代~80年代
船王和购物

Jackie O

1963年达拉斯的重大事件。

杰奎琳·肯尼迪·奥纳希斯（Jacqueline Lee Bouvier Kennedy Onassis, 1929~1994）是当代时髦偶像：她是非常优雅的年轻女子，首次踏足社交场合时戴着缎子手套和一串珍珠；她是悲惨的时尚女祭司，外套上溅满血迹；她是船王的妻子，戴着很大的太阳镜和头巾。对于许多热爱她的人来说，她已经成了美国贵族的象征：举止高雅，骑术精湛，是1947~1948年度的"社交界新人"——全身上下散发着华贵气派。

从华盛顿大学毕业后，她找到了一份工作，成为当地一家报纸的摄影记者。不久，她遇到了参议员约翰·肯尼迪（1917~1963），并在1953年嫁给了这位未来总统，声誉鹊起。从此以后，杰奎琳及其独特的美国品位受到公众的密切关注。身为新任第一夫人，她明智地选择了扎根纽约的设计师奥列格·卡西尼（Oleg Cassini），暗地里她是很喜欢巴黎时装的。这十年间独特的时尚就这样诞生了。有关她豪奢的报道广为流传，但她作了一些反驳，说她不可能每年花30000美元购置时装，"除非我穿的是貂皮内衣"。

杰奎琳和她的儿子小约翰。小约翰在1999年死于一次飞行意外。

1975年
随着股市下跌，衣裙的长度增加，这证明拉弗尔（James Laver）关于时装的理论是正确的。

1975年
持续25小时的大停电，使纽约市陷入停顿。

1984年
韦伯（Andrew Lloyd Webber）的《星光特快》（Starlight Express）在伦敦着首演，其中有一些演员穿着滚轴溜冰鞋，扮作列车。

今天，人们喜欢称那些戴大号太阳镜的人为 "Jackie O"。

一想起杰奎琳，便是一个修长的妇人形象。多年来她酷爱骑马，着装简单。衣服常常是没有袖子，或是大汤匙式的领子，脖子上戴一串珍珠，一顶筒状女帽栖在蓬松的头发上。她的大号太阳镜和头巾在她在世时非常流行，即便李·哈维隐姓埋名的母亲玛丽特·奥斯瓦尔德四处奔波调查为她儿子开脱时，也是这样的装束，一身"杰奎琳·肯尼迪的打扮"。她这么说，也并非特意反讽。

杰奎琳嫁给希腊船王奥纳希斯（Aristotle Onassis，1906~1975）期间，她隐退了。此后公开露面，几乎没有不戴着大号黑框太阳眼镜的。总统遇刺时她穿的那身宽松直筒式套装，也许是她一生中最令人难忘的衣服。但一些简朴的服饰——譬如卡西尼设计的浅黄色两件套羊毛套装，一件连衣裙和一件齐腰合身的夹克或外套（围着

脖子的俄罗斯貂皮领可以卸下来），经常配上候司顿（见第65页）设计的不太有名的饰穗带筒状女帽——都促使美国时装在60年代受到重视。

在1968年嫁给船王后，杰奎琳重返纽约市，在双日出版社当一名编辑，平静地生

FASHION ESSENTIALS

1996年春，纽约苏富比拍卖行拍卖了属于杰奎琳个人财产的5914件物品。这次拍卖会吸引了40000名"Jackie O"迷在公共展示厅观看，以表崇敬之情。拍卖所得超过3450万美元（拍卖前估计只有400万美元）。其中最著名的一件物品是一串微有瑕疵的珍珠项链；在一张照片里，笑吟吟的杰奎琳就戴着这串项链，怀中的小约翰正在把玩——这串项链遂得以名垂后世。费城的富兰克林铸币博物馆的主人叫价21.15万美元买下了这串项链，而这件物品起初只想卖700~900美元。他们声称，这串项链让他们想起了淳朴的60年代。现在，为那些追求时髦而不在乎花哨的人复制这样一串项链，一次收费195美元。

活终老。曾经使她的生活熠熠生辉的名声成了履行职责的一种负担："我不想成为时髦的象征，我只是想穿得合适。"她说："我很讨厌衣服。"

1956年
克利夫·理查德（Cliff Richard）的《Living Doll》成为本年度英国最热门的歌曲。

1957年
格林（Graham Greene）的戏剧《盆栽小屋》在纽约公演，由Sybil Thorndike主演。

1958年
8月和9月，伦敦发生诺丁山（Notting Hill）骚乱。

1955年~1965年
摩德派和摇滚派
英国的野小子

在英国，势头最盛的几种青年文化是严重对立的。摩德派（Mods）喜欢整洁的意大利风格的时装、派克大衣和低座的两轮摩托车，而摇滚派（Rockers）则喜欢皮革和链子。你不会想到这也是要争斗的：

白兰度1953年主演的风靡一时的电影对启发摇滚派的装束有些作用。

1964年，在英国好几处海滨度假胜地，两派大打出手，此后纷争才完全结束。在随后的审判中，法官称他们都是些"无足轻重的小暴君"。

让我高兴，朋克！

由斯汀（Sting）和莱丝丽·艾什（Leslie Ash）主演的风靡一时的电影《崩裂》（Quadr-ophenia, 1979），使摩德派和摇滚派之间的嫌恶传于后世。这部电影描写了两派之间的争斗，对于促进这两种青年文化60年代鼎盛时期面貌的复兴，起了很重要的作用。许多时尚观察家认为，摇滚派毫不妥协的态度，直接衍生了朋克族（Punk，见第108~109页）。

摩德派偏好新奇事物，包括爵士乐和风靡一时的欧洲时尚，尤其喜欢独特的意大利服装和得心应手的交通方式——Lambretta低座两轮摩托车。装束不分男女，都强调外表平滑、

时尚大聚会：1965年，摩德派在英国布莱顿海滩聚会。

1961年
英国回收旧式的五英镑黑白纸钞，代之以蓝色的五英镑纸钞。

1962年
埃塞克斯郡的一名男生连续不停地跳了三十三个小时的扭腰舞。

1964年
威尔逊任首相，他总是叼着一支大烟斗。

现代，衣服瘦小，线条极其抽象简洁。这类着装包括，短的罗马夹克、不折脚的43厘米裤子、尖头皮鞋或者长筒靴，以及挺括的米色或白色雨衣。女人穿着便服短裙、修长轻便夹克，头发剪短，垂至脸际。这身装束是受电影明星如珍·茜宝（Jean Seberg）等人的影响，化妆苍白，但又很有趣味。摩德派的穿着自此定期地重新流行，尤其在80年代初，保罗·维勒（Paul Weller）也是这样一身色彩单一的装扮，但摩德派的标志正愈益明显地

发生变化，他们穿着鹿皮鞋和上面缝有标志Who的派克大衣。

摇滚派的装扮则一直是截然相反的，Billy Fury、Gene Vincent和Eddie Cochran一类人将摩托车文化和摇滚糅合起来，拒绝接受他

们看到的一切东西，认为一切都像摇滚偶像Elvis的演出一样寡淡无味。摩托车手所穿的黑色皮夹克是摇滚派的一个标志，上面饰满了纽扣，醒目地画上刀或骷髅之类的图案。特别尖的尖头皮鞋，折裤脚的蓝色牛仔裤，还有链子，都成了摇滚派装束的同义语。1964年夏天，摩德派的人数可能已大大超过摇滚派，但摇滚派的装束在许多停车场前和摩托车小酒吧仍然可以见到。

骑着摩托车的地道的反叛者。夹克上有他的名字，以防他把夹克忘了。

1959年
格拉斯（Gunter Grass）出版小说《铁皮鼓》，讲的是一个奇特的男孩，三岁时停止长大，不断地敲击一面铁皮鼓，发出的尖叫能震碎玻璃。

1965年
约瑟夫·博伊斯（Joseph Beuys）展出了他的行为艺术作品《如何向一只死兔子讲解绘画》。在这件作品中，他带着一只死兔子穿过画廊，并向它讲解一些绘画。

1969年
"自我表现"（ego-trip）一语首次用于表示自我中心或自我膨胀的行为。

1955年至现在
Karl Lagerfeld
德国时装界的变色龙

拉格斐（Karl Lagerfeld）不是那种孤高冷傲的人，外表近乎一幅漫画，并且经常摇着一把扇子——这已成了他的标志。其实他是一个极其中规中矩、多才多艺的设计师；他对高级女子时装业有极其重大的影响——这部分是因为他一生曾在好几家女服设计所工作过。

摇扇的男人。隐藏他蹩脚的衣着，抑或沉醉在成功的光环里怡然自得？

FASHION ESSENTIALS

洛可可式的牧羊女裙装；绕着乳房、腰或肩膀的围巾；豪华的日本和服式两面穿装皮和皮革大衣；改造过的迷你裙；穿在长裤上面的裙子；鲜亮的颜色，尤其是红色！拉格斐吸纳了古典的样式，并融进了他自己的怪异风格。

在为Chloé设计的一款严肃刻板的晚装中，拉格斐让他的模特儿袒露一只肩膀。

不停地从一家设计所跳到另一家设计所，已经成了拉格斐职业生涯的一个特征。1954年，他设计的一件大衣获得国际羊毛局（International Wool Secretariat）资助的头等奖。设计师皮埃尔·巴尔曼（见第31页）提携年轻的拉格斐，将他设计的大衣投入生产，并雇他做设计助理。三年后，拉

格斐跳槽到Patou（见第32页）做艺术指导。这个职位也没做多久，他对高级女子时装界感到厌烦，便到意大利学习艺术。

他受Chloé的劝诱回到德国。Chloé希望以高级女子时装占领正在增长的成衣市场。他也作为自由设计师为Krizia、Valentino和鞋类设计师Charles Jourdan工作，后来于1967年加盟Fendi，任设计顾问。但到1983年任Chanel的设计指导时，他才真正有了用武之地，为无生气和陈腐的作品注入了新的生命。他既设计高级女子时装，也设计成

1976年
臭名昭著的Baader-Meinhof帮帮主Ulrike Meinhof在监狱自杀。在她的葬礼上，数千名同情者把脸涂成白色，或戴上面具。

1983年
在《星期日泰晤士报》（Sunday Times）为连载权支付100万英镑后，《Stern》杂志声称，《希特勒日记》是伪造的。

1998年
名模克劳迪娅·希弗（Claudia Schiffer）脱光衣服，为一款汽车做广告。后来有消息称，她使用了替身，还有一个女演员为她配音。

衣，他的作品往往被视为绝技。只是在1984年，他才推出自己的品牌，此前他喜欢把他活泼多变的风格强加于别人的设计所。

拉格斐在巴黎时装界获得了成功。他汲取了以往设计所的精华，又把它作些变化，超越了它，进行了一种非个人化的阐释，但这种阐释仍有着如老品牌一般的声誉，得到了人们的承认。这并不是说他不会创新——事实上他是利用丝绸、透明的多重衣料、背心式女内衣和衬裙，提倡内衣外穿的早期代表人物。拉格斐大量利用鲜亮的颜色，在Chanel服装中使用了甜粉红色和酸绿色，并在他自己的作品中大量使用红色，这是有目共睹的。他偏爱Schiaparelli式的刺绣，

譬如闪闪发光的吉他、滴水的水龙头和锤子，并近乎开玩笑地采用了受人尊敬的Chanel的标志，在防水长筒靴和小巧的比基尼泳装上显著地印上传统的"C"标记。他对Chanel还是难舍难分吗？抑或跳槽的癖好又发作了？

采用拉格斐设计手法的Chanel服装。Coco有什么要说的？

1994年Chloé展示会上，拉格斐和一帮叽叽喳喳的超级名模在一起。

1955年
在一处地铁通风口,玛丽莲·梦露的裙子被风数起。招贴画设计师永远忘不了这个情景。

1966年
伴随着电影《风流青男子》(Alfie)面世,Michael Caine开始了扮演逐香猎艳的伦敦佬的演艺生涯。他是自Harold Lloyd以来第一个戴眼镜的明星。

1973年
碧姬·芭铎(Brigitte Bardot)退出影坛,致力于保护动物。她说:"我在被抛弃之前就离开影坛。我自作决定。"

20世纪50年代至现在
银幕上的时装
名流时尚

伊丽莎白·泰勒演出《埃及艳后》。

人们常说,后继者总是对原创者苍白的模仿,但就电影时装而言,演员可能走马灯似的换个不停,然而对我们衣橱的影响还是一如既往的。到50年代中期,好莱坞电影制作公司的服装设计师对时装的巨大影响正在减弱,一些电影服装的顶级人物,如伊迪丝·海德(见第54~55页)被要求模仿以往的服装并作重新诠释,而不要产生自己的新想法。时装再次被巴黎的服装工作室,而不是洛杉矶所引导,一些电影权贵开始从国外引进设计师为电影作品增加必要的自信,而不再称道那些土生土长的天才。

伊迪丝·海德为多萝茜·拉莫尔勾勒新的异国情调的纱笼。

YSL为路易斯·布努埃尔(Luis Buñuel)1967年的电影《白日美人》设计的服装,使女演员凯瑟琳·德纳芙成为时髦偶像。奥黛丽·赫本与设计师纪梵希享有长期的工作关系,并以《蒂凡尼的早餐》(1961)最为人称颂。在《大亨小传》(1974)中,罗伯特·雷德福的服装由拉尔夫·劳伦设计。麦当娜在《贝隆夫人》(1997)中穿着D&G的服装。在彼得·格林纳威(Peter Greenaway)的电影《情欲色香味》(1989)中,海伦·米伦(Helen Mirren)很喜欢戈尔捷设计的服装里淡淡的一点S&M意味的优雅。但是,设计师和电影制片厂的联系事实上是否影响普罗大众的服装,还有待商榷。

1981年
Duran Duran发行单曲唱片
《Girls on Film》（电影里
的女孩），Simon LeBon成
为本年度最富魅力的偶像。

1992年
在《本能》（Basic
Instinct）中，莎朗·斯
通（Sharon Stone）演
出了著名的叉开又翘起
双腿这一场戏。

1996年
为演出《贝隆夫人》
（Evita）中，麦当娜穿过45双
鞋，戴过56对耳环、39顶帽
子，换了42种不同的发型，
85套戏服。

凯特·温斯莱特使珠宝大
为流行，莱昂纳多·迪卡
普里奥和十来岁的少女热
情似火。

人们最早追赶的
时髦，是对过去服
装的一些改制，这
些改制后的服装颇
有影响力，能够将
当地购物区的居
民改变为简·奥斯汀小说中的人物，
但是一些电影影响人们的着装，是
以一种难以觉察的方式。现在，没
有人愿意穿凯特·温斯莱特在令人
潸然泪下的《泰坦尼克号》
（1997）中披挂的那身爱德华七
世时代的行头，但精美的珠宝和泪
滴状的耳环即时成了商业热点。
同样，梅丽尔·斯特里普在
《走出非洲》（1985）中扮演
命运悲惨的Karen Blixen，使
时装骤然之间有了在这块神秘大
陆旅行必需的装备的味道。

我们进入新的千禧年时，电影
和时装仍将保持密切的关系。毕
竟，时装是传媒关注的一个主
要热点，因此，时装与票房直
接相关，便不足为奇了。我
们也看过描述时装界自身的
电影，如罗伯特·奥特曼
（Robert Altman）的《霓
裳风暴》（Prêt à Porter,

1994）。超级名模也从报刊走向影坛，成
了影片中的角色，比如哈罗（Shalom
Harlow）便在克莱恩（Kevin Kline）的喜剧
《In and Out》（1997）中饰演自身角色，
甚至服装设计师表演前的酝酿过程也在镜头
前出现，譬如麦兹拉西（Isaac Mizrahi）便
是在电影《Unzipped》（1995）中首次上
镜的。当然，也有人买电影里
的服装——但是忍者神龟
宽大的训练服适合作时
装吗？

凯瑟琳·泽塔-琼斯在1999年奥
斯卡颁奖晚会上穿着Versace设
计的服装，令人惊艳不已。

奥斯卡奖

为那些广受欢迎、拟参加
奥斯卡颁奖晚会的女主角
制作服装，设计师之间存在
着激烈的竞争。由于事前的
推测、报道和奖项本身一样的
多，为恰当的名人设计恰当的
晚礼服所产生的效益，要远胜于
任何时装杂志上的多页广告。有一
些女演员一直对某一位特定的设计师
很信任，比如朱迪·福斯特便长期与
Armani合作，而莎朗·斯通（Sharon
Stone）有一年从The Gap选择一件T恤
穿上，让评论界大惑不解。有些人会因
为他们的选择而大受称赞，有些则会横
遭指责。至于雪儿（Cher），常常穿着
Bob Mackie（1940~）设计异常暴露的
嵌有小珠的衣服，对她的评论便分为两派，
一派称她很有戏剧的感觉，另一派则搜寻她做
了整形外科手术的最新证据。

1960年
在美国，成衣商的数量是1900年的1/3，而出外工作的妇女增加了一倍。

1968年
加州的家具设计师哈尔（Charles Prior Hall）研究乙烯基面料和液态淀粉浆的特性，两年后使得水床臻于完美。

1973年
在美国，伏加酒的销量首次超过威士忌。

1958年至现在
面料的态度
新纪元衣料

20世纪末的面料常常令人无法相信，给人的印象是一种奇特的混合物，就像Buck Rogers遇到了Star Trek。这些面料远不是那些廉价的、令人高兴的免熨衣料，而是最尖端的高科技产品——有自己想法的高档面料。

如果你需要防护，相信一定有人已经发明了一种适合你的面料。对紫外线可怕的破坏力觉得恐慌，是吗？有些面料本身就含有30+的防紫外线成分，在日

紧身莱卡连衣裤，配上十字纹的摇摆舞长筒靴。真想知道她的衣服怎么想。

高科技的Miu Miu上装，是Prada为年轻人设计的。

FASHION ESSENTIALS

很难想象一个没有羊绒的世界。羊绒起初用于高性能服装中，其透气性能、保暖性能和轻便的特点，使它胜过传统的面料如羊毛。羊绒现在用于制作高档紧身马甲和带拉链的上衣，也用作外套的衬里。它柔软，手感好，用来做儿童服装再合适不过，但这对绵羊就不太妙了。

本（技术面料的精神之乡），对经过工业处理，起初用于汽车工业的聚酯透明纤维纱作些改进，能保护你免于患上皮肤癌。在太空时代，甚至还有微压缩面料，本来是用于太空行走的。它含有能被皮肤吸收的囊。这种面料，选用从海藻里精心提炼的有益的维生素C，现在甚至含有压缩的芳香剂，能释放出香味，并且能经受大约30次洗涤，因此你肯定会喜欢它。

1976年
比约·博格（Bjorn Borg）20岁时首次获得温布尔登网球赛冠军。他在球场上性情冷酷，被称为"冰山"（Iceborg）。

1983年
在佛罗里达州比斯坎湾，Christo用鲜红色的织物将11个岛屿环绕起来，称为"我的水中莲"。

1996年
在陨石中发现原始蠕虫，这说明约在13000年前，火星人或许曾侵入地球。

短裤拯救了宇宙！

西方世界对随时发起猛攻的有毒微生物十分忧虑，媒体也是经常离不开超级病菌和各种病毒，发明面料以对付我们20世纪末的妄想症，便不足为奇了。新型面料——如Courtaulds Fibres发明的Amicor Plus——有很强的抗菌特性。加上棉花混纺，这些新型面料已经用于制造短裤和内衣。许多新型纤维能够抑制不想闻到的气味，也用作长简靴的衬里和制作高档内衣。科学是最体贴入微的。

如果你觉得太热或太冷，现在发明了一种新技术，可提高羊绒夹克、短袜和外衣的热效。这些新型面料能产生一种小气候，在身体周围产生一个隔热层，防止过热，保持一种舒适的温度。陶瓷微粒也被用来调节温度，透气性能和防水性能也一直在不断提高。汗水也已经被列为攻关对象。人们隐约知道，"湿度处理技术"能把汗水从皮肤上吸走，并尽可能迅速地使之散发。厚重的织物如帆布也将作吸汗处理，一些尼龙现在有一个外层，能永久吸附水分子，并使之迅速散发。

仿装皮。可以肯定，水貂、狐狸、黑貂和松鼠会更开心些。

许多面料问世时，只是用于缝制运动服装和出海时穿的高性能服装，这些耐用衣服有许多优点，市场很大，已经成了受人喜爱的热销时装，发展前景看来也很广阔。新的设想还包括：抗压、平复情绪的面料；含维生素、浸透了有益油脂的衣服；还有甚至能充任微型健康监测器的衣服，这种衣服能检验穿衣者的身体状况。天方夜谭吗？也许不是，我们仍然等着有一天，我们柜里的衣服能决定我们早晨应该穿上什么，并自行选择相配搭的服饰——甚至能确定它们能否投合我们的喜好。

1959年~1970年
飞跃年代
为什么少男少女喜欢玛丽

对许多人来说，玛丽·匡特（Mary Quant）代表了整个60年代。虽然她几乎没有任何实际的成衣经验，但她瞄准先前被忽视的市场——十来岁的青少年，尤其是身材细瘦的青少年，以其便宜、活泼的服装，一炮而红。

"时髦活跃的伦敦"的女王，摄于1965年。

匡特小时候就对时装很着迷，有传闻说，她曾用指甲剪把一条祖传的床罩裁开，因为她认为这床罩做成衣服更好看。大学毕业后，她曾好玩似的想过开一家女帽店，后来，在1955年决定在伦敦国王路开个颇有传奇色彩的第一家芭莎店（Bazaar，和后来成为她丈夫的Alexander Plunket Green一道）。最初她出售其他设计师的时装，但发现它们并不适应她觉察

当熊猫妆风行天下时，城里的绅士们都买些眼圈粉公司的股份。

身材娇小的*Leslie Hornby*（1949~）是她那个时代的Kate Moss，典型的大眼睛流浪美人。她体重只有41.36公斤，不难明白她以何得了个"嫩枝"（Twiggy）的外号，其健美、小孩般的身体对于60年代新的审美倾向是毫无瑕疵的。她是使Quant的新迷你裙大为流行的模特儿之一。其呈几何状的发型是沙宣（Vidal Sassoon，见第72页）设计的。她出现在《时代》杂志封面上，远比现在90年代的超级名模要早得多，并被评为1966年的年度人物。她有自己的系列化妆品、服装和内衣、袜子，用自己的名字命名的一种玩具娃娃——这全都是在她19岁退出时装舞台前做的，这样她就可以大吃一顿，以作些改变了。

到的青年市场的变化，便决心自己设计衣服。

这生意完全是"现炒现卖"。衣服在晚上做好，早上第一件事就是把它带到店里，常常在下午6点前就卖光了，然后将卖得的钱用来在Harrods百货店买衣料，做次日要出售的服装。据说，开始的时候，匡特非常害怕她的顾客，常在柜台下面放一瓶苏格兰威士忌。一旦关系变得融洽，顾客便参与进来，芭莎店里的气氛更像供应鸡尾酒的酒吧，而不像时装店。

匡特毫不惮于打破旧的社会风俗，她摒弃一直支配着时装展示会的镀金靠背椅和沙龙般的氛围，而让模特儿在舞台上来回走动，伴奏的是劲度十足的爵士乐，而非叮叮当当的古典音乐。对那个时代来说，她的服装也很完美。她热爱非常简单、非常明快的款型，有大量的几何形设计，使得迷你裙在大众中广泛流行，怪怪的彩色紧身裤、瘦瘦的凸条

哪一件是腰带？如果你在公共汽车上票丢了，怎么办？这是个小小的困惑。

毛衣、钩针编织上装和低及臀部的腰带也开始成为时髦。在使用面料方面，她也是超前的，曾试图使用聚氯乙烯制作小雨衣和单件衣服。

匡特的服装在美国也成了大热门。在那里，她为JC Penney设计了系列服饰；几年后，匡特又以其色彩鲜艳、价格低廉的化妆品扬名美国。这些化妆品都有她的雏菊标志。现在，她还在设计，主要是针对日本市场，但后人不会忘记是她开创了青少年时装。

1961年
雷里耶夫（Rudolf Nureyev）在巴黎Le Bourget机场摆脱俄国人的监视，向两名法国警察求助，申请庇护权。

1967年
德里达（Jacques Derrida）出版《Speech and Phenomena, Of Grammatology》和《Writing and Difference》，阐述了解构主义原理。

1974年
电视连续剧《Kojak》推出了一个嗜钱如命的光头侦探，他把人们称为"猫咪"，并问道："谁喜欢你，宝贝？"

1960年～1990年
高级时装高不可攀
买不起的时尚

坐在时装表演观众席前排的人，可能比时装更有趣。

高级时装是时装业界赔本赚吆喝的领头产品。那些在巴黎和罗马时装舞台上展示的定做的精致服装，很少有设计师期望能带来利润，但是所引发的公众关注，却是其所受损失的巨大补偿。那些花高达30000英镑的巨款买下一件女装的人，包括阿拉伯王后或王妃，她们只在深宫私人茶会上穿一次；还有那些在纽约上东城区的高级公寓里主持鸡尾酒会的交际花，以及昔日影星和设计师的朋友，她们以相当低的折扣买下一些衣服，穿出一种忠贞的感觉。

在50年代成衣出现之前，高级时装代表了时装的巅峰，此时迪奥（见第70~71页）和皮埃尔·巴尔曼（见第30页）之类的人决定了那些款姐富婆的形象。1946年，共有106家时装设计所，但到1997年，只剩下18家。今天，设计师每季能卖出几件高级时装，便觉得自己很幸运了，虽然年轻一代的高级时装设计师的专门手工缝制（先后多次试穿缀上手工缝

制亚麻布、麦斯林纱薄麻布装饰），已少了一些波希米亚式狂放不羁的风格，让它更适合穿着。如果你拓展高级时装的定义，使之包括任何定制的衣服，那市场就广阔一些：一件结婚礼服也是高级时装，即便它是手工缝制的，只在Pontefract的卧室里试穿，而不是在巴黎的服装工作室。

我们大多不愿意花掉相当于一套半独立别墅的钱去买一件礼服，而且不久满街都

1981年
法国的TGV列车首程奔往里昂，时速达379.7公里。

1986年
格雷格·莱蒙德（Greg LeMond）成为赢得环法自行车赛的第一个美国人。

1990年
Coco Chanel的临终遗言是："你知道，死亡是会这样的。"

设计师们说……

☞ "高级时装之所以完蛋，是因为它被掌握在不喜欢女人的男人手里。"Coco Chanel，1967年。

☞ "一名设计师如果不同时是一名裁缝，也没掌握塑造其模特儿身材的最精微的奥妙，就像一名雕塑家把起草的图稿交给另一个人，一个手艺人去完成一样。"Yves Saint Laurent，1984年。

☞ "高级时装应当有趣、愚蠢，并且几乎没法穿上。"Christian Lacroix，1987年。

和Lacroix女裙，作为女人地位的象征，正如腰缠万贯的丈夫拥有一辆红色法拉利跑车一样，纯粹只是些无用的点缀，别无其他用途。由于成衣送去干洗两次，就一钱不值了，因此，老式高级时装就变得奇货可居，拍卖时往往与成本价相当。

是这款时髦衣衫的样式。然而，除了享有特权的一小撮人以外，即便高级时装对于所有的人都是不可企及的，它仍然占据了报刊的头条新闻和专栏，因为它是滋养新思想的宝地。对那些为时装而时装的设计师而言，它代表了想象的极限，让他们沉湎于创造一次性的样品。

一件高级时装，也许会缀色50万颗小粒的珍珠，每一颗珍珠都由Lesage（见栏中文字）之类历史悠久的公司手工串起。面料供应商会贡献几米他们最特殊的面料，以向公众展示。看见用金刚鹦鹉羽毛装饰的Gaultier服装的领口，或者Versace设计的服装上优质威尼斯玻璃环形装饰结，并非什么不寻常的事情。最新的Chanel服装

眩目繁簇的时装：拉克鲁瓦是世界顶尖的装饰艺术家。

STYLE ICON

★

当斯基亚帕雷里想要把一些金银锦缎制作的星形标识绣在外套上，或者Yves Saint Laurent想要用毕加索的头像装饰晚装时，他们就会求助于巴黎的Lesage公司。这家刺绣公司始建于1868年，到20世纪90年代仍然兴旺发达，与所有伟大的服装设计师都合作过，从沃斯、薇欧奈直到拉克鲁瓦。该刺绣公司价格不菲，但是，如果你的晚装想卖一个特别好的价钱，使之看上去不像Edna Everage女爵那样的货色，就得求助于这些人。

1960年
新兴城市巴西利亚成了巴西的首都。这座城市由聂梅耶（Oscar Niemeyer）设计。

1961年
曼西尼（Henry Mancini）为电影《蒂凡尼的早餐》写了歌曲《月亮河》（Moon River）。

1963年
联合植物原油提炼公司的安吉利斯（Angelis）被发现犯有欺诈罪，他在调制沙拉酱时用了海水，而不是油。

20世纪60年代

太空实验
Courrèges、Rabanne和Cardin

皮尔·卡丹。

卡丹（Pierre Cardin）、库雷热（André Courrèges）和瑞伯内（Paco Rabanne）都有很强的现代主义色彩，从20世纪末了无新意的视角来看，这似乎显得有点让人感动。当代文化中的科学和技术表明，瑞伯内有意识地使用太空时代的材料做些实验，乃是源于对未来充满信心和希望。同样，库雷热和他那些微不足道的宽松式直筒连衣裙——零星地掺杂着波普艺术的绝妙图案，以及卡丹那锋刃派绘画般的结构主义服装，则深深地打动了我们，让我们怀念60年代的服装设计采用新技术时的那种乐观主义。

库雷热1964年设计的简单的未来主义小品。注意一双特棒的靴子。

今天，人们对瑞伯内了解得深了些，可能是他众多的系列化妆品很成功，但他对塑料和金属的运用富有当代精神，开创了一个新的专门领域，并影响了包括麦昆和马丁·斯特本（Martine Sitbon，1951~）在内的许多当代服装设计师的作品。瑞伯内喜欢人们称他"工程师"，而不是"设计师"。他的服装更像太空时代的范本，而不是可穿着的衣服。有人估计，到1966年，他每个月要耗费30000米的Rhodoid塑料，用于设计怪异荒诞的服装，例如，将磷光闪闪的塑料片用纤细的金属线串起来，做成一个围嘴式的项链，再如，用金属链把相同的材料连起来，做成一套衣服。

库雷热的遗产，不可避免地和迷你裙的发明（见第84~85页）联系在一起，但他对当代服装的理解，与Chanel早期设计女装时曾从经典男装中借用一些样式（见第42~43页）有很大的关系。他遵从自由而

1965年
A. C. Bhaktivedant创建了国际克利须那觉悟社。他坐在人行道上，身着《摩珂迦罗颂》，指使他的追随者剃光头发，系上染成藏红花色的缠腰布。

1967年
驶离康沃郡的Torrey Canyon号油轮遇难，酿成世界上最大的石油泄漏事件，石油一直漂到法国海岸。

1969年
订婚67年后，Octavio Guillen和Adriana Martinez在墨西哥城喜结良缘，其时他俩都已82岁。

不是束缚的宗旨，设计了一些袒胸露背、天真单纯的衣服，以适应那些花花小姐的放荡不羁和花花公子寻求的视觉刺激。今天，这些衣服也许很像守旧派的服装，但在他们那个时代，却是彻底简化了当时的样式。

卡丹的影响，已被众多滑稽可笑的特许产品（见第121页）蚕食殆尽，但他设计的服装，体现了60年代中期奇特的无性别区分的现代主义。他采用雕刻般的方式剪裁和缝制（这在日本设计师三宅一生的作品中可见其影响，见第106页）。他对人造纤维很有兴趣；1968年，他发明了自己的面料，这一兴趣也随之臻于顶点。这种面料上面有起绒的几何形图案，揉在一起也不会起皱，取的名字朴实无华，就叫作卡丁布（Cardine）。更重要的是，他给男人设计的尼赫鲁式上装，被披头士乐队相中，迅速成了60年代的时髦男人必不可少的穿着，再配上高翻领的毛衣和短的连鬓胡子，就很地道了。

最后，使这些设计师成为60年代现代主义先锋的绝好的作品，现在看来与电视上重播的老片子一样，因为在比后的几十年里，服装已经

瑞伯内将很小的铝质三角和皮革用柔韧的线圈连起来，做了一系列简单宽松直筒连衣裙，这种迷你裙极像锁子甲，今天仍然很受欢迎，只是在机场安检时除外。库雷热风格的服装极其简洁：宽松直筒连衣裙，紧身短上衣配长裤，贴袋，大裙腰，V形结扣，奇特的婴儿帽，和白色的漆皮平底鞋。1964年，卡丹的"太空时代"作品的特征是：裹上绑腿，外罩无袖外套，针织的白色紧身连衣裤和管状的针织连衣裙。

派克·瑞伯内。

变得越来越愤世嫉俗，越来越缺乏天真单纯。然而，如果没有他们的实验，时装会左右摇摆不定，这也许会延迟我们的进步，而不是采取一种实用主义的方法以开创未来的时尚，我们可能还陷在帕斯佩（perspex）有机玻璃帽子、铝质服装和奇奇怪怪的让人发痒的合成纤维里不能自拔：早晨高峰期坐地铁上班时便了无生趣了。

派克·瑞伯内用老虎钳，而不是针线来对付他这块稀奇古怪的布料。

1960年
高达（Jean-Luc Godard）的电影《断了气》（A Bout de Souffle）采用新的电影技巧，讲述了一个老故事，一个窃车贼和他的女友的逃亡日子。

1963年
假发流行。时髦人士宣称："现在这世道，稍微弄一点点，就是时髦多多。"

20世纪60年代至现在

关于YSL
离群索居的天才

戴眼镜的耶稣：1969年的YSL。

如果好莱坞电影制片厂想制作一部设计师的传记片，圣洛朗（Yves Saint Laurent, 1936~2008）丰富的经历一定是理想的素材。然而，如果他的经历像一部寓意剧，讲的是一名设计师如何像被系在轮子上的蝴蝶一样生活，那人们肯定不会忘记，圣洛朗在20世纪后半叶曾为时装作出过无与伦比的巨大贡献。在重新阐释女性着装方式方面，他和前辈Chanel一样，从男式服装借用了不少式样，改成可穿在身上的、雅致的经典服装，譬如"Le Smoking"，这是一种适合女人穿的无尾礼服；衬衫式夹克；双排黄铜纽扣厚呢上装。他还突发奇想，在设计时吸纳了一些民族特征，为西方的爱好者消除了其中的部落文化特征。

一丝不挂的时髦

回溯至1971年，YSL在他设计的新款YSL男用香水推向市场时，在广告中赤条条一丝不挂地出现，令观众大为吃惊。该广告由他的朋友、摄影师西夫（Jeanloup Sieff）拍摄，是一张YSL坐在一个皮垫子上的黑白肖像，整个画面生动紧凑，连他手上的青筋都突现了出来。起初，YSL想在他的两腿间放上一瓶香水；就此想法，西夫拍摄完毕后对人说："我向他解释为什么我认为这并不管用。"一些杂志拒绝刊登这个广告，说它少儿不宜；而另一些杂志却称这位设计师是个天使，也有的说他是一个戴眼镜的耶稣。尽管如此，这些广告还是成功地使YSL声誉日隆，他大胆、刺激，成了年轻人效尤的榜样。

多愁善感的圣洛朗19岁便成了迪奥的设计助理，两年后，迪奥去世，圣洛朗一跃成为这家在巴黎最受人崇敬的女子时装店的设计师，引起媒体的极度关注。1958年，他设计了第一批名曰"Trapeze"的作品，大受欢迎，被誉为"女子时装的救星"，但第二批服装"Arc"系列面世后，并不怎么被人接受，其1960年"垮掉一代的形象"（beat look）惹恼了保守的迪奥的顾客。在一片斥责声中，圣洛朗匆匆离去，参了军。在兵营不到三个星期，他便精神失常，接下

1972年
身材娇小、金发碧眼的运动员
Olga Korbut参加慕尼黑奥运会，
从平衡木上摔下来，全世界为之
痛惜，但她在鞍马和自由体操赛
中获得了冠军。

1983年
David Boyce骑摩托
车、乘直升机，又坐
Hawker Hunter喷气飞
机，花了38分53秒从巴
黎市中心到了伦敦市
中心。

1996年
巴黎地铁里发生爆炸，2
人死亡，50人受伤。人们
认为这颗炸弹是阿尔及利
亚伊斯兰极端分子安放的。

来花了一个半月在一家看护甚严的精神病医院服用镇静剂，卧床不起。1961年，时来运转，他起诉迪奥不公正地解雇他，最后胜诉，遂与皮埃尔·贝尔热（Pierre Berge）合伙，携手创建了圣洛朗帝国。

在60年代，YSL成功不断，1966年"Rive Gauche"系列成衣面市，"Y"系列香水在各种各样的香水中拔了头筹。在随后的十年里，他的商业成功不断扩大，他离群索居的性格却愈演愈烈，也愈来愈

依赖兴奋剂和镇静剂；据贝尔热描述，他常常觉得"神经衰竭，难以忍受"。

90年代后期，圣洛朗经历了一次复兴：他把"Rive Gauche"系列成衣转交给美国犹太设计师阿尔伯·艾尔巴茨（Alber Elbaz）设计，他脆弱的健康状况似乎又稳定下来。一些经典服装使得圣洛朗的设计生涯达到顶峰，如果现在他能对这些服装重新多作些阐释，他不断作出的贡献一定会有深远的影响，他将继续成为全世界新一代设计师的教父（在最好的意义上使用这个词）。他在色彩、剪裁和外形的运用上已出神入化，这使他受到数百万人的尊敬。他的香水现在是浴室必备的东西。他的生活充满了悲剧和享乐，这使得时界界最离群索居、最吸引人的一位设计师更加神秘莫测。

YSL于1971年设计的黑色吸烟服，配上了裘皮长围巾。

1964年
"流行曲金榜名人"第一辑
播出，Dusty Springfield、
滚石乐队、Hollies和Dave
Clark Five乐队亮相。

1965年
设计师Rudi Gernreich宣
称："胸罩就像你新年夜
时戴在头上的东西。"

1965年
第一条"女式超短裤"（热
裤）问世，外罩一件分衩的中
长裙。这个名字是《女性每日
着装》（Women's Wear
Daily）1971年取的。

1960年~1985年
迪斯科玩偶
卖弄卖弄你的氨纶紧身服

迪斯科萌芽于60年代的舞蹈文化，但1973年它首次变得热门时，还是一种地下舞蹈。1977年，在电影《周末夜狂热》（Saturday Night Fever）中，特拉沃尔塔（John Travolta）穿着白色西装和时髦的黑色衬衫大跳迪斯科舞，至此，迪斯科大热，并真的风靡全球。

这是一出悲剧。我相信，在舞会上人们还会要求特拉沃尔塔做出这姿势。

请你喝彩
诺曼·卡玛利（1945~）1967年开了她的第一家时装店，很快被认作一名设计师，为一些明星设计夸张、显眼的服装。在迪斯科盛行的时代，她的服装中有一些款式，如金色锦缎紧身衣是最好的。她特别喜欢豹皮，也钟爱用降落伞的尼龙做女式紧身连衫裤，这种连衫裤在颈项处开有一个口。她还受拉拉队服装的启发，为新一代重新改造了迷你裙。卡玛利是宽肩裁剪的先驱，这种裁剪方法在80年代初变得十分流行。她开创了受人喜爱的紧身针织内衣，这种内衣强度很大（在做特拉沃尔塔舞蹈动作时不会被撕裂）。

迪斯科不只是夜总会的标志；现在它有专门的舞曲，配上频闪闪光灯，镶镜球和干冰，跳这种舞便有了多媒体声光效果。这种非常夸张的夜总会风格，要求能够引人注目和凸显身体线条的衣服，这种对身体的审美，随舞曲而产生（见第102~103页），并愈益强烈。顶级的迪斯科装束是不辨男女的，如此打扮的人只沉湎于各种新舞姿和受戏剧启发的行

1971年

Vivienne Westwood和Malcolm McLaren在伦敦国王路开了一间店，叫作"Let It Rock"（摇滚乐）。次年，他们改称之为"Too Fast to Live, Too Young to Die"（活得太快，死得太年轻）。

1973年

Pina Bausch创建了舞蹈团Tanztheater Wuppertal。他们使用实验性的体态语和表现主义动作演出。

1985年

聚苯乙烯咖啡杯、喷雾压缩气体和电冰箱都受到指责，因为它们破坏了臭氧层。

有紧密的联系，他设计的休闲服和色彩亮丽的衫裤使身材凸显，而白特西·约翰逊（1942~）则挣脱摇摆不定的60年代的束缚，径自设计了迪斯科服装；她的弹力紧身连衣裤使用喧闹俗艳的颜色，在设计迪斯科服装中得到充分的展示。

在电影《十》（1979）中，波·德瑞克（Bo Derek）的头发缀满小珠。

滚轴迪斯科：比穿高跟鞋更易造成脚踝骨折？

饰。虽然70年代迪斯科装扮已随着年代一同被人抛弃，但它仍然对时装有些影响。在欧洲，人们群起效尤，其风甚炽。这可能是波及欧洲的第一种重要的美国装束。

最令人难忘的迪斯科装扮，包括模制的紧身连衣裤，裹身半截裙紧绷在腰部，被做得很短的T恤，短得没法再短、极尽性感的女式超短裤。氨纶掺进金银纱、人造纤维和莱卡，都能产生必要的弹力，而闪亮的光彩则依赖闪光装饰片、闪光饰品、紫茵石、花里胡哨的印花、贴身的闪光花饰物、珠光唇膏和明亮俗艳的色彩。头发被编成辫子，并缀上小珠，或呈条状插满五颜六色的小饰物。

迪斯科服装设计师

迪斯科舞迷主要是自己设计装扮，将各种舞蹈服装拼凑在一起，并使之相互搭配得宜。有几位设计师则抓住了这一心理。斯蒂芬·伯罗斯（1943~）与迪斯科服装

1966年
在伦敦东区的"盲乞"小酒馆，克雷（Kray）氏孪生兄弟枪杀了George Cornell。

1970年
在贝尔法斯特的骚乱中，英国军队第一次发射橡胶子弹。

1977年
在女儿Yasmin接受酒精中毒治疗时，丽塔·丽华斯（Rita Hayworth）成为她的监护人。

20世纪60年代至现在

奇装异服
衣物崇拜跳出衣橱

以往的衣物崇拜是不用橡胶和皮革的，这类东西只能私下里买来，在特殊的俱乐部或者背着别人在家里穿一穿，上流社会的其他人对此是不屑一顾的。然而，在90年代初，人们对衣物崇拜的看法有了一个重大的转变，突然之间，皮革和橡胶走出私人衣橱，从朗到蒂埃里·穆勒（Thierry Mugler）的各路设计师开始试着更大胆地从S&M中汲取一些东西。

Thierry Mugler与电影《大都会》（Metropolis）相遇：他的设计因强调突出女人的身体而著名。

起初，"奴役"服装和在伦敦著名的Skin Two之类的S&M俱乐部里穿的衣服，都精微地隐藏着关于穿衣人倾心衣物崇拜的信息。一人登高，影者云集。女子紧身胸衣内衣外穿，成为女人力量的象征；后跟细高（有时像一把匕首）的鞋，对那些有恋足癖的人总是一件乐事。视觉上栩栩如生的色情画面在反主流文化中泛滥，专操此业的第一批摄影师和第一批设计师的出现，只是迟早问题。薇薇安·威斯特伍德就悄悄地作了一些尝试（几乎就是真的），她设计的"朋克"服装吸纳了衣物崇拜的内容，譬如带窥视孔的长裤和聚氯乙烯上装。帕姆·霍格（Pam Hogg）承袭了威斯特伍德的融朋克

FASHION ESSENTIALS

皮革的S&M形象始于60年代中期，霍纳尔·布莱克曼（Honor Blackman）在《铁金刚大战金手指》《Goldfinger, 1964）中扮演一个穿着黑色紧身皮衣的姑娘，表现了女同性恋者的震颤。在电视连续剧《复仇者》中，戴安娜·瑞格（Diana Rigg）穿着不讨人喜欢的塑胶和皮革服装，引起一阵轰动。在电影《骑摩托车的女孩》（1968）中，玛丽安·菲斯弗（Marianne Faithful）几乎只穿皮衣演出，这时皮革震动人心的价值才为流行文化界理解。

摇滚乐女子的化身玛丽安·菲斯弗穿着皮衣，拉上拉链。

1982年
其封地的一个急转弯
处，因汽车失去控制，
摩纳哥王妃格蕾丝·凯
利（Grace Kelly）香消
玉殒。

1990年
美国荒诞电视连续剧
Twin Peaks中的一句口
头禅"该死的一杯好咖
啡"开始流行。

1998年
摇滚歌星Michael
Hutchence被发现
吊死在悉尼的一家
旅馆的房间里。

IS&M于一体的风格，并带入80年代，设
计了一些令人想起衣物崇拜的作品。朗
（见第116~117页）将不同的面料结合起
来，模糊了男女服装的区别。蒙塔纳
（Claude Montana, 1949~）和穆勒的作品
运用皮革，讲究结构条理，有宽宽的肩
膀，衬料精挑细选，强调凸显腰部，引入
紧身裙，这必然将衣物崇拜引入主流
社会。

浪荡不羁的让-保罗·戈尔
直在为色情俱乐部服
装设计方面很成功，
以致大街上的商店也入
货了一些主要样式的紧身
胸衣，非主流文化正式和主流
文化之间有了交流和沟通。至1995
年，勾人性幻想的服装在大众市场上
就可以买到。由于越来越便宜，橡
胶、乳胶和塑胶得到改进，穿着越来
越舒服（不用再在身上涂上爽身
粉，也可以钻进衣服里），这类
衣服迅速普遍起来。PVC胶紧
身衣和连衣裙，系上带
子的细高跟长筒靴
子，胸衣，超
短皮裤和长
裤，系带
的紧身裙，
橡胶乳罩和剪
有窥视孔的衣

麦当娜的形象变幻无
穷，常常比她的音乐更
令人难忘。

服，在时装发布会上都
可以见到。派克·瑞伯
内和阿瑟丁·阿拉亚
（Azzedine Alaïa）都设
计过这类服饰。今
天，即便行为端庄
的女孩，也抵挡
不住橡胶长裤的
吸引力。

公元前2000年
印度施行第一宗鼻子修复整形外科手术。

1955年
美国歌手Diamanda Galás出生。后来她在她的指关节上刺青——"我们艾滋病病毒检测呈阳性"。

1990年
据说，Johnny Depp身上有文身，字作Winona，以示对他当时的女友Winona Ryder的爱意。

公元前2000年至现在

刺青戴环
文身和身体修饰

Orlan打算再做一次手术，沿着这些圆点组成的线划痕。

有史以来，人类一直用文身和身体修饰装扮自己，但只是到了20世纪末，这些才变得极其时髦起来。一名超级模特儿会在脚踝上文上一只振翅欲飞的小蝴蝶。法国表演艺术家Orlan在脸部作大规模重整；她经历了至少9次整形外科手术，包括使脸部像蒙娜丽莎和维纳斯的整形（你看不出来，是不是？）。

认真地受苦

除传统的刺青和文身外，修饰身体的新方式也正越来越流行。这包括：划痕，即不要让皮肤上的伤口正常愈合，留下一道如布莱叶盲文般凸起的疤，作为装饰；烙印，即用滚烫的金属结结实实地灼在皮肤上。（文身专家建议把这项技术用于人的皮肤之前，先在鸡胸脯上操练操练，又认真尽责地建议，如果你吃素，在豆腐上试一试也行请遵嘱顺序进行。）

人们对于身体修饰的态度发生了转变。今天，文身展示了一种新的部落文化，与水手和军人身上的传统纹样没有一点共同之处，却得到了世界各种族文化的认同。由于越来越多的人出国旅游，以及60年代嬉皮士喜好使用比彩色念珠更耐久的装饰，文身便流行起来。

不论是文在上臂的精细的凯尔特族十字架，还是以欧洲名画的耐性和细致文上的有十四种颜色、极尽奢华的图案，文身都是自我的永远的象征。它能作为某个帮会的标志，如日本Ya Kuza（或称黑帮）成

对那些想出名的姑娘来说，这是一种理想装饰，但一定要不显眼。

在去拜会男友的父母时，她将舌头上的饰钉与鼻子上的饰链连在一起。

员的文身；或作为纯粹的装饰，刺出纹样后注入散沫花染剂，保证两个星期后一定褪色。具有讽刺意味的是，许多古老种族的文身图案，现在在西方文身圈要比在它们的本土文化里更为盛行。我们向往成为现代原始人，发展中国家的文化却在渐渐抛弃古老的文身方式。

刺青文身也成了一个发展极快的新行业。其悠久的历史，可追溯至古罗马军团的百夫长，他们的乳头戴着圆环，以保证大氅不会移动。《爱欲经》(Kama Sutra) 记载，人们还普遍地在阴茎上刺青挂环。刺穿耳朵戴上耳环长期以来十分普遍，蹒跚学步的小孩也戴耳环。但是，"朋克"族偶像"性手枪乐队"(Sex Pistols，见第108页) 的成员公然地戴着安全别针；在"辣妹"(Spice Girl，见第41页) 的引导下，女孩子七岁时便请求母亲刺穿她们的舌头；从此以后，在肚脐、眉毛和鼻子上挂圆环便流行开了。基本上，像guiche和阿尔伯特亲王式的套环（见栏中文字），在机场可能会被金属探测器探测到，不过，还是有人喜欢这样做，因为据说戴上会增加性快感。

当然，最后还有在家里便可以做的文身，需要的只是一副圆规，一瓶墨汁，再稍微有点智商就行。如果你现在后悔十来岁时曾草率地文上的图案，做个激光手术便可以去掉，但是要记住，文身就像钻石一样是永恒的。你胡乱地花50

英镑文了身，可能要花1000多英镑才能把它去掉。

阿尔伯特亲王式套环是一个套在阴茎上的圆环，可以上下移动或旋转。在维多利亚时代，这种圆环用来把阳具紧紧地拴在腿上，穿上紧身裤时便使那鼓鼓的一团挤压至最小。有传闻说，亲王戴了这么一个圆环，令其包皮后退，让他的那活儿散发出亲切可爱的味道，以免惹恼了维多利亚女王陛下。

1964年
约翰逊总统在白宫新闻发布会上，揪住他养的两只小猎兔犬的耳朵，把它们拎起来。一些爱好动物的人奋起抗议。

1964年
Roy Lichtenstein创作连载系列漫画《早上好，亲爱的》（Good Morning, Darling）。他的创作灵感来自批量生产的东西，譬如泡泡糖包装纸。

1965年
《Cosmopolitan》杂志创刊，鼓励读者"找乐、单身、性交"。

1964年～1967年
Factory时髦
垃圾时装

沃霍尔的头发呈银色，表情茫然，难以捉摸。这是他典型的模样。

20世纪20年代以来，还没有一位艺术家如沃霍尔（Andy Warhol, 1926~1987）那样对时装界有很大的影响。沃霍尔在电影、时装和艺术三个领域间来去自如，他综合了这些人丰富的想象，对整个60年代的纽约知名人士都很有启发。这游戏的名字叫作"实验"。他尝试用纸、塑胶和人造皮革做衣服，色彩艳丽，上面印有受波普艺术影响、俗艳眩目的花纹。

整整一生，沃霍尔都对时装着迷。首先他在I. Miller鞋业公司任时装描图员，并在60年代初和设计师史蒂芬·布鲁斯（Stephen Bruce）合伙设计服装，沃霍尔设计面料，布鲁斯缝制衣服。至1965年，他建立了著名的Factory公司，厂房是工业用的筒楼面，墙壁都涂成银色。在楼里随处可见社会名流之类的时髦人士，这些人多年来一直主导着纽约的品位潮流。他的随从人员着装古怪，与他的艺术一样，被人广泛谈论。

又用上金属薄片

贝斯·约翰逊（1942~）和沃霍尔由于都喜欢实验性的设计而紧密地联系在一起。（约翰逊嫁给纽约乐队The Velvet Underground的成员John Cale，这个乐队和Factory公司联系很密切。）沃霍尔对约翰逊标志性的铝箔坦克衣裙如痴如狂。自1965年起，约翰逊便在一家名叫"随身物品"（Paraphernalia）的时装店出售她设计的服装，这是她对服装想法的具体化实现；服装是用塑胶、纸、金属甚至电灯泡做的。触目所及，都是沃霍尔钟爱的银色。约翰逊还设计过一件"噪声衣裙"，零零星星有一些扣眼连着衣服的裙边。

她戴的是一副防毒面具呢，还是想去抢劫银行？这是约翰逊设计的。

1965年
Sonny和Cher合
唱的歌曲"I Got
You Babe"爬升
到美国流行歌曲
榜的首位。

1966年
美国的《公平包装和标价法
案》禁止进行欺诈性打折和经
济包装标价。

1967年
革命家切·格瓦拉（Che
Guevara）在玻利维亚被政
府军枪杀后，写有"切还活
着"字样的T恤流行。

时装界的斯文加利（Svengali）

沃霍尔把服装当作艺术来实验，用他别具一格的波普艺术图案设计服装，这些图案包括S&H绿色邮票，Fragile和Brillo。Factory的风格受好莱坞影星装扮的影响：紧身服装，外罩轻裘，耳环特大，浓妆艳抹。Factory的成员Edie Sedgwick和Baby Jane Holzer将这种时髦样式推而广之，她们经常被时装杂志详细报道。这一切的中心便是沃霍尔本人，他指导着这个集体的一举一动。

沃霍尔的实验为其他设计师留下了一笔遗产。候司顿（见第65页）用他有特色的丝网印刷的花卉图案设计服装和围巾；斯普劳斯（Stephen Sprouse）则使用了沃霍尔的隐性印花图案，安娜·苏（Anna Sui，1955~）也是如此。沃霍尔的美钞图案，Campbell罐头汤图案和丝网印刷的香蕉图案，都被印在不计其数的T恤上。

最著名的，也许是1991年Versace（见第126~127页）让纳奥米·坎贝尔（Naomi Campbell）裹着一件紧身连衣裙摇摇摆摆地走上天桥，上面印着沃霍尔最著名的丝网印刷波普艺术图案：玛丽莲·梦露的头像。

STYLE ICON
★

*伊迪·塞吉维克（Edie Sedgwick）*是最能体现Factory时髦的人。她的父母都很有钱。她是受人喜爱的纽约模特儿，并为贝斯·约翰逊等服装设计师工作，也定期在《生活》杂志上亮亮相，在沃霍尔的电影里露露脸，参加的影片包括《可怜的富婆》（Poor Little Rich Girl）和典型的Factory电影《再见，曼哈顿》。塞吉维克的头发修剪过，染成金黄色，化着60年代时兴的浓妆，戴着标志性的巨大的耳环，穿着贴身的超短连衣裙。她的打扮在国际上也有些影响。

丢人现眼：电影《再见，曼哈顿》中一个笨拙的打架场面。

1969年
曼哈顿的佩章制造商N. G. Slater生产了一系列的佩章，上面缝着笑脸的图案。1971年，这种"微笑佩章"售出了2000多万颗。

1970年
扎染织物在60年代受到旧金山市嬉皮士的喜爱。这一年候司顿为他的名流顾客设计了一些短外套和头巾，扎染织物遂大为流行。

1971年
George Harrison组织了一场为孟加拉筹款的音乐会，有Ravi Shankar, Ringo Starr和Eric Clapton参与。

1969年～1975年
嬉皮士的特点是……
爱与和平力量、迷幻药

在60年代的旧金山，嬉皮士为带一点儿东方哲学、不抵抗主义、诗歌、摇滚乐和迷幻剂的混合开创了一种独特的新的时装风格，其影响持续了20多年。干酪包布、彩色念珠、土耳其长袍和喇叭长裤不断回潮，出现在时装天桥上。

1971年，西娅·波特的"逃出深闺"装扮。

约翰和保罗很显然是嬉皮士，但穿得像一个企业家的那个家伙是谁呢？

嬉皮士运动可追溯至旧金山市海特—阿什伯里（Haight–Ashbury）区理想主义的群居村生活。早期的嬉皮士对非传统的生活方式比对时装更感兴趣，他们排斥美国的消费主义，转向东方国家寻求启迪，开着野营车到阿富汗和印度旅行，一路上顺手吸纳了佛教和异教的教义，譬如《摩珂迦罗颂》。这样吸收东方文化，也许不可避免地会产生一种由异族获得灵感的装束，包括五颜六色的土耳其长袍、阿富汗外套、寓意"爱与和平的权力"的印花图案及和平象征物，这些服饰还配上反潮流打扮，如喇叭形的蓝色牛仔裤、色彩缤纷的串珠、必不可少的飘动长发、军用剩余装备，以及自己在家里"拼凑修

时装界的吉卜赛人

西娅·波特（Thea Porter），出生在大马士革，求学于伦敦，后来又迁居贝鲁特，并在伦敦开店出售土耳其和阿拉伯布料。到1964年，借助四处旅行获得的灵感，她开始设计服装，其优雅的土耳其长袍和异族情调的印花，颇能满足嬉皮士对东方一应事物的需求。波特用雪纺绸、锦缎以及绣了很多图案、有异族风情的丝绸和丝绒做成晚装，这种装扮极其流行。她还推出了其他重要的嬉皮士装束，这些服装是吉卜赛人的样式，长裙遮住全身，带泡泡袖和紧身围腰，紧身围腰上又剪了一些小窟窿。

1972年
热带风暴"阿娜妮丝"在美国东部使134人丧生。

1973年
历史上持续时间最长的日食在撒哈拉大沙漠南部出现。

1974年
英国的老年病学家Alex Comfort写了《性的乐趣》（The Joy of Sex）一书，在以后几十年里，这本书成为权威的床头读物。

STYLE ICON
★

贾尼斯·乔普林演唱的怨曲充满力度和激情，她还酗酒、吸毒，使她成了嬉皮士运动中受到崇拜的人物。她的歌，包括"Ball and Chain"和"Get It While You Can"，风靡一时。她的个人风格，体现了嬉皮士对女人应漂亮时髦这一陈规的抗拒。她喜欢穿不分男女的背心、丝绒服装，留着特征鲜明的中分头。1970年因吸食过量的海洛因而死亡。

贾尼斯特立独行：她是第一个吸食海洛因的少女。

补"做成的东西，如百衲衣和扎染。女人也怀念起工业革命前时代，她们穿着浪漫的吉卜赛式的衣服，和由劳拉·阿什利设计的挤奶女工式的工作服——如果你过肥或是有了身孕，这衣服倒是有用的。

到1967年，"爱的夏季"正值全盛期，嬉皮士时装店，如"我是Kitchener老爷的仆从"和"Granny做一次旅行"，在伦敦迅速发展起来。毒品文化开始渗入"权力之花"的运动中，迷幻药物开始对嬉皮士的生活方式产生重大影响，同时他们外表不分男女，女人不戴乳罩，这都体现了他们对妇女解放运动的兴趣已经增加。

迷幻药物则深深植根于当时的流行音乐。歌星吉米·亨德里克斯（Jimi Hendrix），鲍勃·迪伦（Bob Dylan）和贾尼斯·乔普林（Janis Joplin），都对嬉皮士的生活方式尽过一份力。他们穿着紧身

Hendrix穿着他的乐队领队上衣，做一次时髦的旅行，他总是透过紫色的烟雾看这个世界。

丝绒长裤，在吸食LSD迷幻药后腾云驾雾时获得灵感，设计了一些无以名状的款式，使用了一些强烈的色彩。璞琪（Emilio Pucci）设计大胆的五彩缤纷的印花图案至今仍值得收藏。然而，许多偶像，包括亨德里克斯和乔普林都英年早逝，这使嬉皮士尚在成长时，运动已遽然夭亡，而不是作些调整，遁世归隐，重新回到消费社会。嬉皮士风格的影响还波及安娜·苏，1993年她展示了嬉皮士样式的服装；Gucci在1999年也重新推出了绣花蓝色牛仔服。

1971年
在一架波音727上，一名男子声称他的手提箱里有炸弹，在勒索了20万美元的赎金后跳伞。

1975年
Tammy Wynette的单曲唱片"Stand by Your Man"激怒了女权主义者。

1982年
欧洲的外科医生使用抽脂手术，将多余的脂肪抽出来。

20世纪70年代～90年代
孤芳自赏地锻炼
增氧健身服

那是重要的一天，简·芳达（Jane Fonda, 1937~）第一次鼓励她的观众"运动健身"，一个新的时尚遗产便诞生了。80年代中期的增氧健身运动，以及由它产生的可笑的时装，唤起了一种新的身体自觉意识，使之进入时装领域，表演性的运动服成为衣橱内必不可少的内容。这种服装不单只在镜前或在当地健身俱乐部骑健身自行车时穿——如果你已经练成了苗条的体形的话。

踏遍天下：Nike鞋消弭了跑鞋业界的竞争。

增氧健身服，是现在称为"前摄运动服"（pro-active sportswear）的最初的类型之一：人们还记得这种服装，是为从事活动量大的职业而设计的，但现在仍然被恰当地视作时装。在1985年的电影《至善

至美》中，特拉沃尔塔扮演一名调查报道新闻记者，潜到单身酒吧，打探体操界的一些情况。虽然大部分镜头是女主角杰米·李·柯蒂斯（Jamie Lee Curtis）穿着紧身连衣裤的样子，但电影一再强调的是，你再也不会在教堂门廊里碰到你的另一半，他正待在

FASHION ESSENTIALS

服装设计师诺曼·卡玛利首先将宽松运动衫面料由棒球场带到闹市（那些傻里傻气穿着宽松运动衫、胸前却有大学校名的学生，就不用提了）。1981年，卡伦展示了用运动衫面料做成的一系列共35件服装。现在，田径服已经成了90年代的牛仔裤和牛仔夹克。

在令人生厌但颇有影响力的电影《至善至美》（Perfect）中，柯蒂斯看上去像一只穿着Lycra紧身衣的火烈鸟。

1983年
电影《霹雳舞》讲的是一名满怀希望的年轻舞者的故事，带动了剪短的运动衫、紧身长裤和暖腿套流行一时。

1986年
尼古丁口香糖的发明，可以帮助人们戒掉抽烟的习惯。

1989年
荷兰一家公司造了一条拉链，有2850.2米长，并用它在Sneek中心绕了一周。这条拉链有256.59万个齿口。

健身俱乐部的套间里喝着胡萝卜汁（如果你有一副如柯蒂斯一般的好身材）。

今天，对时装业来说，通过运动来宣扬体形健美正如火如荼。时装界改进服装的技术工艺，现在瞄准"第三时期人"（比你我都年长的人）之类的群体，制定市场营销策略。最近，一位86岁的老妪跑完了伦敦马拉松赛全程，便证明了这一点。相对新兴的运动，如凤帆冲浪和雪上滑板（snowboarding），也催生了它们自己的服装业，而西方退休的成年人比例增长，导致整个快干免熨防皱的休闲服装作出调整，以适应冲击力较小的运动如打高尔夫球的需要，这些休闲服都有一个令人温馨舒坦的商标名，如Lady Augusta。

运动和时装之间的共生关系，对这两种产业都有积极的益处。在80年代中期的增氧健身运动热潮中，美国的服装设计师唐娜·卡伦（见第104页）和诺曼·卡玛利（1945~）结合了弹性与豪华面料，使新近定位的服装，凸显在跑步机上锻炼的优点。最近意大利品牌Prada和Miu Miu采用了攀岩装备和装饰品，更适合户外运动的人，而不是一群时装编辑。1997年Prada Sport运动

橡皮图章

1971年，Nike的创始人之一比尔·鲍曼（Bill Bowerman）将液体橡胶倒进一个烘饼烤模内，以图提高运动鞋的质量，从此以后，运动鞋取得了长足进展。现在Nike的各项收入已飙升至数十亿美元，其东京店在开业的头三天便赚了1万美元。然而，许多人穿着有独特"swoosh"商标的Nike运动装，也许从未去过运动场，许多穿着运动T恤的大汉，啤酒肚却微微地突出，便是明证。

服系列推出，这只是一个设计师品牌，用来在运动和休闲服市场大捞一笔。相反，旧式运动服的重新流行，带来一个大有赚头且不断增长的市场：一些限量生产的运动鞋，转手便是几百英镑，穿着合适运动鞋的重要性得到极端的明确的证实（见第41页）。毫无疑问，全世界的人在家中全力做简·芳达式训练，已经练掉了一些脂肪，但简·芳达对当代文化的真正贡献，是提倡身体健美，并开始实现运动和时装的交叉结合。

简·芳达展示剃掉腋毛的重要性。

1950年
美国公共卫生署建议在饮用水中加入微量氟化物。母亲们则抗议:"强制性的药物治疗不是美国的风格。"

1951年
哥伦比亚广播公司(CBS)发明彩色电视机,那些买不起的人在他们电视机的屏幕上贴一张有彩虹条纹的透明塑胶纸,以模仿彩色电视机的效果。

1954年
在《码头风云》中,马龙·白兰度扮演一名前拳击冠军,沦落为码头工人。他因扮演这个角色而获得一项奥斯卡奖。

20世纪70年代~90年代
四名商业奇才
美国时装

美国的天才。

时装也许是英国人始创的,法国人把它发扬光大,意大利人则使之臻于完美。但其市场则是美国人做起来的,纽约第七大道上几名极受尊崇的人物在这方面无人能及:克雷恩(Calvin Klein, 1942~)、劳伦(Ralph Lauren, 1939~)、希费格(Tommy Hilfiger, 1952~)和卡伦(Donna Karan, 1948~)。这四个人没有一个是创作天才,但各自有天分。克雷恩是一位市场天才;劳伦长于艺术处理;希费格给美国刻板规矩的生活方式注入了新的活力;卡伦知道职业妇女想从她们的衣橱里取出什么衣服。

这四个人都各自掌管着一家公司,是热火朝天的时装界里的商业巨人,经营各种各样的服装、香水、配饰和家居装饰品。然而,在本质上每个公司都有紧迫感的个性,它们的背景很普通,却实现了所谓的美国梦。他们的成功,乃是因为每个人都能把一个主意利用发挥到极致。克雷恩在广告中使用性,超出了时装范畴,体现了一个时代的道德观念。其革命性的电视广告制作于1979~1980年,由女演员波姬·小丝表演,摄影师理查·阿维东拍摄,在美国中部遭到白眼。他聘用

"单干户"模特儿Kate Moss(见第133页)为他的"Obsession"香水做广告,使她跻身超级名模之列。后来,他又聘用说唱歌手兼演员Marky Mark(见第39页)为其内衣做广告,同性恋男子便不再穿其他牌子的三角内裤。

卡伦的创举,是将莱卡面料掺入针织紧身内衣,以投合赶时髦的女人的喜好。她的上衣和沙笼式女装是80年代末"身体自觉"的组成部分,允诺穿这些衣服的人能

穿着方便:卡伦1987年设计的丝绸紧身褶腰长裤。

1959年
25名南非学生挤在一家电话亭里，创造了一次世界纪录。得知此事，一些美国大学生试图打破这项纪录。

1960年
美国物理学家Theodore Maiman在等一家餐馆开门吃早餐时，冒出了关于激光束的想法。

1963年
加州滑板风潮横扫美国。到1965年，已售出的滑板价值超过3000万美元。

FASHION ESSENTIALS

想一身美国派头的装束，不妨试试这些服装。Klein的男女装内裤及素净、单性的衣服；Karan的莱卡面料紧身裤及黑色、白色、深紫红色和葡萄色的裹身裙子；Lauren的骑马外套，线条简单朴素而贴身的衬衫和水手领；Hilfiger为男同性恋者和姑娘们设计缀满商标的运动服。

隐藏其最糟糕的不足，而带些许的性感。她在一次新闻发布会上说得好："你得突出你的优点，隐去你的不足。"1988年她推出了大家都买得起的DKNY系列服装，为公司赚了大笔的钱。

希费格"完全美国味"的服装风格朴素而实用，都显眼地印上了商标，美国年轻人都喜欢他的服装。他是最早瞄准加勒比黑人和西班牙裔人社区巨大消费能力的设计师之一。1995年，在著名的第一届VH1时装奖评选中，他获得"由天桥走向街头"（from the catwalk to the sidewalk）奖，以褒扬他设计的服装。他的服装大街上的普通男女都穿着方便，不会变形。今天，时装设计师往往资助音乐，譬如希费格便与滚石唱片公司联手。有句名言，叫作"托米摇滚"（Tommy Rocks），受此鼓舞，他干劲儿十足，其最终目标是控制全球服装市场。

劳伦仍然保留了传统的高品位。起初他销售领带，后来推出了Polo品牌的服装（见第

121页），此后业务便蒸蒸日上。如今他的公司总部的门和墙上都镶嵌了木板，像一座豪宅；产品种类也多极了，甚至包括墙纸，以及一种特别的混合颜料，涂到布料上之后，就像老式牛仔布一样。

这四个人都是我们这个时代的偶像。引人注目，经久耐穿的服装如何能行销全球，他们是极好的证明。正如与之同辈的美国设计师奥斯卡·德拉伦塔（Oscar de la Renta，1932~）有一次说的："在欧洲，每个人都对Prada和Gucci赞不绝口，但在这里，在美国，你从纽约的哈得逊河往西走，便没有人知道他们是谁——但大家都认识Ralph, Calvin, Tommy和Donna。"

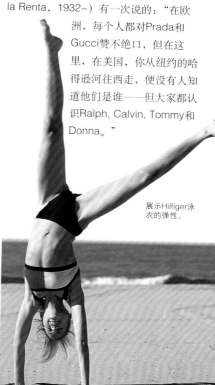

展示Hilfiger泳衣的弹性。

1971年
人们开始使用"人工智能"一词，用以表示具有人类推理能力的机器。

1979年
索尼公司研制出随身听，在以后的几十年里，坐地铁的人一直感到內不快。

1980年
黑泽明的电影《影武者》，讲的是16世纪的一个小偷，被雇来做了个替身。这部电影和Bob Fosse的音乐剧《浮生若梦》（All That Jazz）一起在戛纳电影节上获得Palme d'Or奖。

20世纪70年代～90年代
关注朝阳
日本的服装设计

Cool王：山本耀司时装发布会后鞠躬致意。

这些时装界的行家都裹着一层层黑色的不成型的服装，剪裁也极不对称，她们成群结伙地行动，就像《麦克白》中的命运三女神一样。她们穿着山本耀司（1943～）设计的衣服。山本耀司是日本服装设计的先锋，他把与西方剪裁和成衣传统截然相反的东方美学带入设计，在重新限定我们关于着装的观念方面起过一些作用。

2 0世纪80年代初，Comme des Garçons、三宅一生（Issey Miyake, 1935～）和山本耀司（Yohji Yamamoto）首次登上巴黎时装舞台时，他们的服装

透不过气
（1982年设计）。

不分男女、没有定型，对大量使用垫肩、华丽装饰和铺张浪费的潮流构成挑战。他们将唯理智论引入服装，似乎赋予时装以理性判断的形式，尽管他们最异常的观念大多源于传统的日本服装，如农民穿的黑色长袍，武士的盔甲和艺伎的和服。评论家喜欢这种唯

理智论的服装，今天的支持者可能是爱好高雅艺术的中年妇女，不会是笨头笨脑的金发女郎（宽松类服装的剪裁，无法展露她们整过形的身材）。

这三个人"异军突起"，取得了初步成功，时装观察家们一致认为有创造，但日本人缺乏妥协精神。山本耀司探究了不对称，也喜欢不规则的东西，因为这些都不带人工雕琢的痕迹，更接近自然。同样，Comme des

这身衣服不是出自Doctor Who，而是三宅一生设计的一件打褶编结的服装。

1983年
摩托罗拉公司在芝加哥市建立了一系列的发射台和一个电脑系统，把电话拨到汽车上，这样，经常开车的人就可以用手提电话通话了。

1986年
装了 "The Legend of Zelda" 之类游戏的日本电子游戏机在美国上市，第一年销售额便达到3亿美元。

1999年
北约轰炸了中国在贝尔格莱德的大使馆，据说这是一场意外事件。

Garçons的设计师川久保玲（Rei Kawakubo, 1942~）将下班后适合上街穿的传统服装的精髓，与对wabi sabi日本美学规则残缺美的理解结合起来。三宅一生设计的服装都打皱褶，这在其主干作品和较低价的 "Pleats Please" 系列服装中均有体现，这两类服装，都能使身形完全变形，变为一件激进的雕塑作品，或者呈一柱单调的结构性颜色。Comme des Garçons极端的美学观念拒绝常规和消费文化，这在它的旗舰店更为明显，这些零售店由建筑师川崎高尾（Takao Kawasaki）设计，服装被藏在毛玻璃屏风后面，除了那些孜孜不倦的顾客外，其他人都见不着，还有传闻说，卖不

FASHION ESSENTIALS

1982年，三宅一生以白藤作人体雕塑，设计了一个服装式的外在骨骼，立即有人叫好，被视为想象力丰富的人，其起褶的服装样式被许多人仿效。80年代中期，Comme des Garçons的编织服装是在编织机上设计的，机器的程序被故意打乱，编出的服装有窟窿和抽丝。山本耀司破败的褶边和残破的美，是对50年代席卷日本的消费品浪潮的直接反映。他用大幅的布料裹住身体，上面常常加上一些口袋和条条带带。

歌舞伎影响了晚装设计（1977年）。

掉的存货在季末都要被烧毁。

这三个人设计的服装，能遮盖和掩饰身体的不足，使人的身形发生了突变。他们开创的服装解构思想（见第134~135页）较比利时设计师还要早。他们生产黑色的衣服，就是现在见到的日常服装，没有葬礼或鸡尾酒会的联想，并且，由于一种精心设计的奥秘，在高踞时装界的巅峰将近20年后，他们至今仍透着一种神秘的气息，西方人从来不会完全理解。

臭氧的香味

"Eau D'lssey" 香水，1993年由Miyake推出，是首次采用新出现的 "臭氧香型" 香水；新近有Comme des Garçons配制的 "Odeur 53"，散发出新洗衣服和燃烧橡胶混合体的不自然的气味，完全拒绝了香水必须以花香和自然气味为基础的观念。

1970年
The Velvet Underground乐队解散。该乐队主要成员是Lou Reed和John Cale，90年代曾试图重新组合，但后来又不欢而散。

1971年
加拿大一家电视台买下了共1144集的电视连续剧《加冕街》。看完整部片子，需花22天15小时44分钟的时间。

1974年
在捷克斯洛伐克Sumava上空，拍摄到一个火球，亮度为满月的10000倍。

1970年～1980年
朋克革命
"奴役"系列和安全别针

我是Anti-Creased乐队：Johnny Rotten、Sid Vicious一起促成了英国服装界的混乱状态。

朋克（Punk）本身是抗拒时髦的一种体现。朋克音乐刺耳粗陋，服装是用廉价易得的布料制成的，主要的顾客是失业者、辍学和在校的学生。但这场起初只是一种叛逆方式的运动，70年代却成了英国最有影响的文化势力之一。

廉价商店的衣服都开了线，都是改做的，裤袜都抽了丝，校服都破得不成样子。日常用品如安全别针、剃刀和月经棉塞都变了样，试图冲击现存的社会体制。刺孔戴圈是极时髦的事，安全别针被别在鼻子上、耳朵上和脸颊上，而化妆则受原始部落涂涂漆身和过时恐怖电影的影响，走向新的极端。头发很短，都刺一样支棱着，做些修剪，加上独特的莫希干式的处理，便做成了他们喜爱的平头。

朋克音乐受到了

塑料怪人，威斯特伍德的"奴役"系列服装也有一些爱好者。

David Bowie和New York Dolls乐队的影响，但麦克拉伦（Malcolm McLaren）和服装设计师、搭档威斯特伍德是鼓吹者，并开创了最初的风格。他们大力宣传这项新的运动。70年代，他们在伦敦的国王路开店，推广一系列的奇装异服，包括1971年的Let it Rock店，1974年风靡一时的Sex店以及稍后的"煽动分子"Seditionaries店。威斯特伍德设计了奴役样式的系列服装，主要特征是成套的黑色衣服，饰有搭扣、条带和链子，有开衩和切口（事实上都穿不进去），Sex店借此

1975年
Kingsley的歌曲集
Martin Amis发行，
其中包括《Dead
Babies》。

1976年
Abba有三首歌曲成为本
年度热门歌曲，分别是
《Mamma Mia》，
《Fernando》和
《Dancing Queen》。

1977年
英国人在街头举办晚会，庆祝女王
登基二十五周年。少数抗议者播放
Sex Pistols（性手枪）乐队的单曲
庆贺唱片《天佑女王》（God Save
the Queen），或者穿着印有"该
死的庆典"的T恤。

STYLE ICON
★

*Jordan*是朋克族之所以为朋克族的一个标志。她穿着吊带袜和透明的网状裙子去上学，后来被勒令退学，曾在Harrods百货店工作，上班时把脸涂成绿色。她每天全副朋克族装扮，完全像个莫希干人，脸上化着奇怪的妆，"性感十足"地去上班。Jordan是朋克族"抗拒美"这一精神特质的杰出例子，其独特的风格很快得到认可。David Bailey为她拍摄了照片，她还在朋克电影《狂欢》（Jubilee, 1977）中扮演角色。她开了家名叫"女人味十足"的公司，出售她自己设计的服装，也偶尔和Adam & the Ants乐队一起亮亮相。

英国朋后

威斯特伍德所有服装的独特之处，在于其细致的探索精神，没有人能知道她下一次会想出什么招数。她最初的"奴役"（Bondage）系列服装，将施虐一受虐狂用具和她自己十分独特（有人说是怪异）的性体验结合起来。她还一直极力支持街头文化，在改革服装领域，她也一直走在前列，譬如其1981年的"海盗"（Pirate）系列，便预示了新浪漫主义服饰（见第118~119页）的来临。其他有影响的系列作品还包括："女巫"（Witches, 1983），用尼龙制成雨衣和运动鞋；1985年的圈环超短裙，裙撑和紧身胸衣；1987年的哈马斯粗花呢系列服装；1989年带有一片遮羞布的连衣裙；以及传奇般的松糕鞋，1993年Naomi穿着这种鞋崴了一个跟斗。她连续于1990年及1991年被誉为年度"英国服装设计师"，1989年她推出自己的香水，瓶子上是一个顶着十字架的圆球。朋后万岁！

Rhodes）改良了全套朋克服装：支离破碎的款式、饰安全别针，朋克族最初的冲击力便一去不复返了。90年代，哥特式装扮出现，其特征是黑衣、硬挺挺的刺状头发、涂得熊猫般的眼睛和死人般白惨惨的妆容，再掺点重金属音乐，便成了这种精神后来的象征。

1983年，在他们的一个天然聚集地——伦敦一家公园内的核裁军运动集会上，一对恋人展示他们五颜六色的头发。

享誉全球。性手枪乐队台上台下都穿着这种服装。Sex店也附售标准的朋克T恤，这是为惹人不快而设计的，其主要特征是宣扬无政府主义、恋童癖和淫秽作品，一副反宗教和反君主制的形象。

有讽刺意味的是，在被吸纳进通俗文化后，朋克族抗拒时髦的姿态成了他们自己成功的牺牲品。到1979年，设计师桑德拉·罗德斯（Zandra

1971年
许多基督徒认为,如果把Led Zepplin的歌曲《Stairway to Heaven》倒着放,就会听见撒旦的诅咒。

1973年
Gary Glitter一次演出时穿了一双高近六英尺的松糕鞋。

1977年
巴黎的蓬皮杜中心开业,所有的管道和电梯都建在大楼的外面,评论家说看上去像一座污水处理场,但是公众很喜欢。

喇叭裤很好:
1973年左右令人惊诧的牛仔布便服。想象一下在一个漆黑的夜晚偶然碰上……

20世纪70年代~90年代
坏穿衣品位
衣橱里令人内疚的秘密

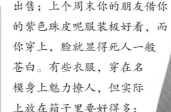

时装,就像趣味一样,是相对的:你在圣诞节买的那件鲜绿色莱卡超短连衣裙,现在已是昨日黄花,几十种一模一样的衣服正降价出售;上个周末你的朋友借你的紫色珠宝呢服装极好看,而你穿上,脸就显得死人一般苍白。有些衣服,穿在名模身上魅力撩人,但实际上放在箱子里要好得多;更糟糕的是,时装本身就是这种坏品位观念的延续,它怂恿消费者进入一个连环套,买了衣服,又扔掉,而不愿到头来衣着落伍。

STYLE ICON
★

他们也许有点名气,但穿得也实在是糟透了!埃尔顿·约翰、菲姬、凯特·温斯莱特、雪儿、玛丽·布莱姬、普林斯、克林顿的女儿切尔西、莎莎、嘉宝、伍迪·艾伦、布莱尔夫人切丽,以及所有的男小子乐队。我还能列举出一大串名字。

时装一变,我们的趣味就变;一种时装变得平淡无味了,如时下正流行的军裤,那它就变得讨人厌了。在六个月前的流行音乐节上,很多人显眼地穿着宽松的劳动裤,骄傲得不得了,后来他们的祖母在打高尔夫球时也穿上这么一条,他们就会避之则吉。你如果是个什么都舍不得扔的收藏癖,在你衣橱里窸窸窣窣地摸索五分钟,你就会找到大量最好能忘得一干二净的错误选择。每个年头都有它独有的不得体的时装——这些时装都曾经一度是不可少的,现在则被视作沉闷,只在怪里怪气的服装晚会或慈善店露个头脸(在慈善商店里,总有可怜人要一些十年前买下,现在已很可笑的衣服)。

然而,当今时尚的传播,注定了几乎没有不受某些地方的某些人喜欢的东西。时

1981年
一艘船在巴西Obidos附近沉没，300多人被水虎鱼吃掉。

1985年
英国时装设计师Laura Ashley去世，但她设计的印有花卉图案的连衣裙传了下来。

1989年
世界上最高的沙砌雕塑在日本砌成。该雕塑有16.85米高，名曰"仙境之邀"。

髦的词，像kooky（古怪）和kitsch（矫情），鼓动了成群的少女穿上明显可笑的慈善商店服饰，再配上一些花里胡哨的塑胶首饰以及用来哄三岁小孩的一些东西。这种扭怩作态非驴非马的时尚，演化成了一种新的非主流文化，现在已经赢得了一种时装的声名。一个可供说明的例子是米兰Prada设计所（见第128~129页）设计的服装，这家公司重新组合过去的服装样式，很是成功，把这些一成不变的产品重新推销给顾客，顾客对于原创的服装便有点犹像了。

对于喜欢Prada服装的人来说，看上去就像70年代墙纸的尼龙衬衣，或者一件灰色的法兰绒无袖连衣裙，都让人回想起老式的中学校服，其源头，也许还是坏品位

宣扬"爱与和平力量"的嬉皮士卷土重来了吗？抑或只是旧的花布窗帘？

的大肆泛滥，然而，服装设计师一予首肯，这些服装一夜之间就会又一次大行其道。

Deely-boppers：这东西给十岁小孩戴上还好，但再大些，就傻气十足了。

FASHION ESSENTIALS

如果你希望把穿着坏品位广为人知，在此就给你提些建议：

☞ 买一套粉色宽松背心套装（见第123页），这些现在都是滑稽演员逗人笑的噱头。

☞ 弄来一些deely-boppers，这些伸出来的天线一经戴上会自动降低智商。

☞ 眼下人们认为，隆胸是不可思议的坏品位和庸俗的，既有损健康，也坏了人的声誉。

☞ 五颜六色的暖腿套，在80年代特别时髦，现在是儿童电视节目中的行头。

☞ 有巨大垫肩的大红大绿的上装（见第122页）对《豪门恩怨》（Dynasty）中的临时演员是很理想的，但对其他人就难说了。

1973年

Wayne Sleep在0.71秒内表演了一个entrechat动作（即在半空中双腿开合五次），被载入史册。

1978年

BBC严禁播放Tom Robinson的单曲唱片《Glad to be Gay》。

1980年

阿尔·帕西诺(Al Pacino)主演的电影《虎口巡航》（Cruising），因表现的人物老套而受到男同性恋权利激进分子的攻击。

20世纪70年代至现在
身体之美
男同性恋时装

喂，英俊的。

男同性恋时装很容易辨别，它综合体现了男人和女人（着女装的男人）行为中最可笑、最受人非议，也最无新意的那些方面。它可能带有伦理和行为的准则，或只是展示一下多次光顾健身房后锻炼出来的身体。但是，尽管非同性恋社会从不愿公开承认，男同性恋时装对我们今天所有的穿着方式还是有着巨大的影响。

男同性恋和女同性恋用服装凸显他们的特征，以夸耀他们的特立独行，这一点并不需要作社会学的分析。这种服装综合地借用其他服装的一些设计手法。摩托车手用的皮裹腿被改造成恋物癖者的服装，作为阳刚之气的象征；军用剩余物资在舞场里倒比在突袭行动中多见；保暖T恤不是用来防止生冻疮，而是吸引羡慕的目光。

同性恋服装也体现了享乐主义。看看任何一个男同性恋者的浴室，里面满是药剂和香水，让商场化妆品柜台也相形见绌。当一般的男女夫妻，正因为蹒跚学步的小孩而邋遢不堪，洗衣机里的白衣服被染上了红色，在办公室上了一天班后偶尔去玩一回网球时，那些同性恋伙伴则在时装精品店买衣服，锻炼胸肌以防人到中年发福肥胖。

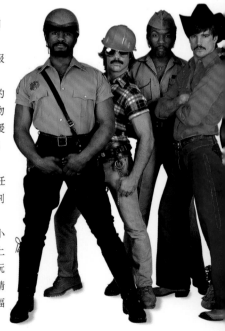

1985年
演员哈德森（Rock Hudson）死于艾滋病，他是第一个承认自己患上艾滋病的美国公众人物。

1994年
英国下院投票表决，将允许同性恋行为的年龄从21岁降到18岁。

1997年
布莱顿（Brighton）的Tony Mattia不得不搬到一个大些的家，以便有地方存放他收集的900个芭比娃娃。他每月给这些娃娃换一次衣服。

当然，这是最最一般的情况。但正统社会和非正统社会在决定服装时，在文化和经济方面有巨大的差异。许多服装设计师就是同性恋者，正如诞生于70年代同性恋俱乐部的迪斯科音乐一样，同性恋团体首创的时尚都很快就被主流社会吸收。男扮女装，过去专指一些中年男子滑稽可笑地穿上女服，现在可能与当今的超级名模一样光彩照人。你不信，可以去问任何一个设计师，是谁买下了系列女装中最棒的时装——是金枝玉叶的贵妇名媛，也可能是有易性癖的墨西哥人。

不可避免，同性恋服装会被认为是陈腐的主题，这主题曾经使同性恋服装人格化。并非所有的女同性恋者都穿粗布工人裤和格子衬衫，大多数男同性恋者想起Village People乐队或Julian Clary的穿着都吓得往后缩。事实上，一些日常服装和用品，如军裤，男用润肤品，

穿着合身突出身体之美的服装，都已经融入了男同性恋群体和正统社会。用不着猜测它们的出处。

好一个男扮女装：撩人的鱼尾状女装，夸张的泡泡袖。

FASHION ESSENTIALS

在同性恋团体中，尽管并非千篇一律，大多数传统的成员都反对，但把染上不同颜色的手帕小心翼翼地放在裤子后袋里，作为信号，手帕的颜色及其放置的位置，表示不同的性观点或性倾向。这里讲一讲其中已知的几个细小的差别：

☞ 淡黄色：（左边）厌恶；（右边）特别渴望；
☞ 淡紫色：（左边）喜欢女装的男子；（右边）自己是男扮女装；
☞ 白色丝绒：（左边）有窥淫癖；（右边）愿意表演；
☞ 长绒毛：（左边）喜欢搂抱对方；（右边）喜欢被人搂抱；
☞ 犬牙纹：（左边）喜欢轻轻咬别人；（右边）喜欢被人咬；
☞ 银锦缎：（左边）想和名人发生性行为；（右边）自己是名人。
☞ 棕色灯芯绒：（左边）男校校长；（右边）男生。
☞ 珊瑚色：（左边）吮我的脚趾；（右边）我愿意吮你的脚趾。
☞ 杏黄色：（左边）特别风趣；（右边）喜欢胖子。
如此等等……

《Macho Man》《YMCA》和《In the Navy》：记得Village People乐队创作的流行经典吗？

1970年
环保主义者反对在佛罗里达州Everglades修建一个新的大型机场，取得胜利。

1973年
超过50%的美国人相信有不明飞行物（UFO），10%的人声称见过。

1979年
世界上第一个"绿色"政党在德国由Petra Kelly建立。

20世纪70年代~90年代
"我宁愿什么都不穿"
裘皮服装

在电影《洪荒浩劫》（One Million Years BC, 1966）中，拉奎尔·韦尔奇很张扬地穿着一块兽皮做的比基尼装，这也许还说得过去，但现在穿兽皮做的衣服，不论是猛犸皮还是黑貂皮，你都可能在街上受到攻击，尤其是你住在英国或是美国的话。现在裘皮是一个情绪化问题，在一些国家，穿裘皮是要被人戳脊梁骨的，然而在另一些国家，裘皮仍然是地位的象征。在西班牙和意大利，随处可见中年妇人穿着各种各样的裘皮大衣，在傍晚漫步；有些裘皮大衣是老式电影明星那样的款式，另一些则是由名皮货商如Fendi公司新近设计的。

穿裘皮的名人

伊丽莎白二世女王陛下和她的母后；撒切尔夫人；60年代的伊丽莎白·泰勒；Eartha Kitt；Naomi Campbell。反对穿裘皮的人说，做一件裘皮大衣，要杀掉两百只不会说话的动物，但仅供一个人穿着。

在石器时代，她们当然穿兽皮。我想，她们的发型也是这样松松的。

从安娜·温图尔这头著名的短发，不知道你能悟出点什么？

具讽刺意味的是，反对使用裘皮最为强烈的是北方诸国。在伦敦，没有百货商店敢卖裘皮；在美国，美国版《时尚》杂志的编辑安娜·温图尔（Anna Wintour）是赞成穿裘皮的，在纽约的一家豪华餐馆里，她把一具非用于果腹的动物尸体搁在她的裙摆下面。PETA（善待动物组织）是宣传反对穿着裘皮运动的主要力量，吸引了一些超级名模，包括克莉丝蒂·杜灵顿（Christy Turlington），泰拉·班克斯（Tyra Banks）和马库斯·申肯伯格（Marcus Schenkenberg）等参与其中，在颇具争议的"我宁愿什么都不穿，也不穿裘皮"的推广活动中亮相。在

1984年

电影《小魔怪》（Gremlins）中，一些恶毒的毛茸茸的小动物使人类大为恐慌。

1987年

Enid Blyton的系列故事《傻瓜》（Noddy）中，一群黑脸玩具娃娃被换成一群侏儒，以求政治上正确。

1989年

在伦敦的一个拍卖行，一名美国收藏家花88000美元买下一个德国生产的Steiff玩具熊。

英国，摄影师戴维·贝利拍了一个激动人心的广告，在时装表演舞台上，一名模特儿挥舞着一件裘皮大衣，并向观众喷洒鲜血。

PETA之类的运动组织关闭了许多生产皮革的畜牧场，并把一些残忍的行为曝光，如给水貂注射除草剂，使完全健康的动物触电，诱发心力衰竭。而世界皮革行业仍继续为服装行业提供各种形状和大小的生裘皮。根据加拿大皮革协会的说法，皮革贸易殃及的动物，仅占北美每年用于吃、穿等动物的0.25%，该组织还宣称，有两倍于此数的宠物被遗弃和人道毁灭。然而，美国大多数妇女还是认为穿裘皮服装不可原谅。相反，在欧洲，裘皮服装在某种程度上正在复兴。起初它重现于装饰领口和袖口，反对者声称这样做很阴险狡诈，试图"偷偷摸摸地"重新使用动物的毛皮。最近，通过重新染色（现在这样做的目的何在？），真正的裘皮被处理得乍看和仿制的一样。

对一些人来说，当下的时装过分地追求豪奢，似乎开始压倒了对动物福利的关心。也许，英国的两家设计公司Copperwheat和Blundell已经一劳永逸地解决了这个老大难：它们不用真的动物毛皮，而是从假发厂买一批人的头发，制成暖和的冬大衣和冬装，以便穿上这衣服的人能迅速地反驳所有的批评："不是的。其实它是人的……"

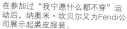
在参加过"我宁愿什么都不穿"运动后，纳奥米·坎贝尔又为Fendi公司展示起裘皮服装。

1977年
学生领导了反对杂志利用妇女招徕读者的抗议活动。

1984年
德国斯图加特的新Staatsgalerie由石材、玻璃和涂色金属建成，被称作"一幅风景画，而不是一座建筑"。

1992年
在德国，剃着光头的新纳粹分子发起了2280多宗种族攻击事件。

1977年至现在
先锋派商人
Helmut Lang

朗用豪华面料制作的军服式的服装。

奥地利服装设计师朗（Helmut Lang, 1956~）的作品，是我们认识90年代晚期服装的晴雨表。人们一致认为，是他将解构（见第134~135页）、未来主义（见第138~139页）和极简抽象主义（见第106~107页）服装推向大众。在当今服装设计师中，他可能是被人悄悄地模仿得最多的人之一。他获得了新闻界的推崇，又被蒙上一种潜心营造的神秘，而对一知半解的事情，新闻界是不敢信口雌黄的。

FASHION ESSENTIALS

灰暗的颜色夹杂一撇亮色；高档面料；棱线和边线并不笔直；十分合体的宽松直筒连衣裙和夹克；用豪华面料重新剪裁的军服；羽绒夹克外衣；随意泼上颜料的牛仔裤。

朗于1977年开始设计服装，随后在80年代中期撤到巴黎展示他的作品。在巴黎，其低调的审美与当时盛行的垫肩和豪华极端对立。他早期的作品，现在被罩在时装神话的迷雾里，保留了条顿人讲究穿着的特点；他因追求十足现代的穿着性能而声誉鹊起，他早期的作品随即暗淡无光了。他巧妙地借用了一些非时装类的经典服装如军服的手法，为懂得设计的顾客设计了一些服装。这种巧妙的借用，使用的是豪华面料，完全改变了非时装类经典服装的根本面貌，适合在高档时装店销售，而不适合在流行音乐节上穿着。

朗对当代时装的贡献，在于对已被接受的东西进行非难；90年代早期，他使弹力T恤大行其道，使穿着保暖T恤也很潇洒。他使用各种地道的合成面料，如埃尔特克斯（Aertex）网眼织物、弹力花边和防破裂尼龙，使这类低廉粗陋的面料重新获得声誉。他设计的服装，外形简洁，总是有一个突兀的变化，赋予这简单的作品以现代意味——譬如一件宽松直筒连衣裙，有

网上天桥

朗作为服装设计师颇有些天分，好比他的销售手段一样。他的时装发布会出了名的简单、快捷、朴实，模特儿迈着飞快的步子，飘过灯光明亮的室内舞台。他的顾客也是出了名的少。能够侥幸进场的每一个新闻记者（就着卤素灯灯光，舒适地坐在小小的舞台旁），街外便有另外五个人在瑟瑟发抖，极力试图说服把门的壮汉让他们进去。有时他也断然拒绝发布时装表演，而是选择在网页（www.helmutlang.com）上展示作品，他承认互联网威力强大，在展示开始几秒钟后，这些作品的视觉信息就会传遍全球（见第19页）。

一根带子般下垂的袖子，或者雪纺绸的上装有一道不规则的棱线，就像一道显眼的红色疤痕。然而，尽管他的设计很先锋派，其作品还是少有不适合穿的；他的衣服浓缩了一些时代精神——不折不扣地现代，也总是不折不扣地商业化。

现在，朗不仅仅是先锋派的领袖人物，还是真正的世界级商界强人。最近他移师纽约展示他的服装，已使自己跻身大设计师之列。他的系列牛仔装比较便宜，在世界上有700名商家备

Lang设计的红色雪纺绸服装一出，满街都群起效仿。

货出售，最近他又和一家意大利设计行加强了生产联系，进一步开发了他的市场潜力。

有人认为朗直接影响了新世纪里Armani和Calvin Klein的服装款式，但他的故事绝未结束。他已经赢得了时装鉴赏家的心，现在则应该说服一般公众了。

朗出名，乃是因他不循常规地混用不同面料：透明的和不透明的，闪光的和无光的，低廉的和昂贵的。

1980年
华盛顿州的圣海伦火山爆发，整个北坡坍塌，成了一条熔岩河。

1981年
《假声音乐之行》（March of the Falsettos）在纽约开幕，170名演员登台献艺。

1982年
在电影《杜丝先生》（Tootsie）中Dustin Hoffman演一个假装成女人的男人；Julie Andrews在《雌雄莫辨》（Victor/Victoria）中饰演女人，这个女人又扮演男人演一个女角。

1980年～1985年
不男不女，亦男亦女
嘲弄性的陈规陋习

1983年，《太阳报》生造了一个词"gender bender"，以描摹那些试着打破衣着、发型和化妆的男女界限的特征。当然，有些人一直津津于这种喜好，但随着新浪漫主义运动，这种喜好在80年代初又成了一种广受欢迎的街头时尚。现在，你在化装舞会服装商店就可以买到夏装，而不用去M&S。

Adam Ant一身19世纪军人的装束，并掺杂了美洲土著人的打扮。

这种服饰最先出现在伦敦的夜总会，如Blitz和St Moritz，模仿朋克族硬棱棱羽毛刺刺的派头，开创了一种新形式，穿着更像演戏，孤芳自赏，当不得真。薇薇安·威斯特伍德负责为Adam & the Ants提供服装，都是受摄政时期式样所启发的盛装华服，穿上简直是一副纨绔子弟的派头。她在1981年设计的"海盗"系列，为不同式样、不同长短、不分男女的服装的出现廓清了道路。

其他风格的装束也很快出现了，包括精心打扮的花花公子式的服装。编成小辫的长长的头发，甚至哈西德派犹太教徒似的长长的卷发和帽子。伦敦的夜总会成了展示惊人装扮的舞台，一些服装设计师，包括Body Map公司的David Holah（1958~）和Stevie Stewart（1958~）都因为使用褶皱花边、荷叶边和莱卡面料做这些实验而声誉鹊起。新浪漫主义的歌手，包括Steve Strange（他认为David Bowie的易性实验有重大影响）、Spandau Ballet、Duran Duran以及红极一时的gender bender乔治男孩（Boy George, 1961~）。乔治公然穿上不男不女、亦男亦女的服装，令英国着迷。他在风靡一时的杂志《I-D》上露面时，一身修女服

威斯特伍德设计的盛装神气活现，模特儿娜嘉·奥尔曼穿着也神气活现。

1983年
Culture Club乐队的《Karma Chameleon》成为英国的年度热门歌曲。乔治男孩的辫子、服饰和化妆受到新闻界的极大关注。

1984年
《跑步指南大全》〔Complete Guide to Running〕的作者James F. Fixx在外出跑步时死于心肌梗塞。

1985年
英格兰教会破天荒地第一次准许妇女担任执事。

完全的时装牺牲品

服装设计师Stephen Linard总是在适当的时候在适当地方出现。他1981年以一套名为"不情愿的流亡者"的作品于圣马丁学院毕业,此前与Boy George一起住在伦敦的一间蜗居里。其独具特色的作品,使用透明硬纱和俄国羔羊毛,并吸收神父和牧首衣着的特点,促进了新浪漫主义服装的出现。他还是一家时装俱乐部的名誉负责人,俱乐部有个贴切的名字:"完全的时装牺牲品"。其实用新颖的设计风格迎合了许多流行歌星的口味,包括PX乐队的Helen Robinson,Demob乐队的Christopher与Susan Brick,以及Stephen Jones都找他设计过帽子。

乔治男孩曾调皮地说,他宁愿喝杯茶,也不愿要性。

装,此后他反对所有的时装,再后来又是一身装扮,1982年在文化夜总会Top of the Pops中亮相时,一开始就让观众大为困惑。他化妆、戴着帽子,留着长长的卷发,穿齐膝的短袖束腰外衣,饰上色彩鲜艳的大卫之星和埃塞俄比亚菖蒲,许多人仿效,女歌迷尤甚。通俗小报连篇报道乔治及gender bender玛丽莲(他与玛丽莲·梦露惊人地相似),直到他们失宠。

有人还设计了给男人穿的裙子,Body Map公司和戈尔捷(见第95页)便试过。这些裙子在橄榄球会上从未真正流行过,但你还是会看见大卫·贝克汉姆和辣妹穿着花布纱笼,洒上高级香水,一扭一摆地到处溜达。

STYLE ICON
★

苏格兰的Eurythmics乐队在80年代风靡一时,其主唱**安妮·蓝妮克丝(Annie Lennox,1954~)**有一半特征证明,倒转*gender bender*是可能的。1983年,她以一首《Sweet Dreams Are Made Of This》猛烈冲击流行歌曲榜。蓝妮克丝亦男亦女的装扮和乔治男孩不男不女的装扮一样,被广泛谈论。她解释说:"我想彻底改造自己,这样,我穿上更有男人味的衣服,就显得自然了,因为这样能给我力量。"她穿着有商人特征的细条纹老派西装,系着细条纹领带,橘色的头发被剪短,骨架轮廓分明,成为女*gender bender*的典型。然而,她很少在街上抛头露面,却常见于杂志,因为,和乔治男孩女人味十足的形象相比,她很难让人接受。

美梦:安妮证明,姑娘能变成小伙儿。

1980年
年轻的记者Lisa Birnbach
写了《The Official
Preppy Handbook》一
书，售出100多万册，促
使保守的着装样式在美国
风行一时。

1984年
维珍航空由伦敦
飞往纽约的第一
个航班开通，单
程票价99英镑。

1987年
Kellogg发明了一种新的
谷类食品，叫作"正好"
（Just Right），里面有
葡萄干、坚果仁和
海米。

1980年至现在
品牌意味着生意
借设计师的名字推销梦想

Tommy Hilfiger能卖给你这身衣服，但不会是这脸蛋、这体形和这发式。

给服装加上商标，并不仅是把设计师的名字粘在一条牛仔裤上，并希望公众买下来；而是借助产品推销一种梦想中的生活方式。（没错儿，你也能够住在高级公寓里，有数不清的顶呱呱的朋友，开着最新的跑车，和千娇百媚的模特儿共度春宵。）一流的设计师都愿意投入大笔的钱做促销活动，以有效地出售他们的梦想。一点都不奇怪，顶尖的品牌一般都来自美国。品牌最能产生效益的地区，出售的产品都能千方百计满足公众追求某个品牌的强烈欲望，但消费都是大家乐于接受的。香水、内衣和消费类产品都是显而易见的例子，这里的关键词是"梦寐以求"。你是什么品牌？

你口袋里是一支手枪吗？唐·约翰逊（Don Johnson）的Boss服装造型。

设计师想在国际上成功，品牌是至关重要的。设计高级女装得到的平均收入，经常不到设计师毛利的10%，大部分收入来自转让商标和特许经营。为推销品牌，明智地安排产品曝光机会是一种很受用的方式。设计师总是力争为电影和通俗电视连续剧提供服装，譬如，电视连续剧《迈阿密风云》（Miami Vice）和

1988年
《左邻右舍》
（Neighbours）成为英国
第三个最受欢迎的电视节
目，Kylie Minogue演唱了
《我是那样幸运》（I
Should Be So Lucky）。

1989年
英法两国的建筑工人挖掘英吉
利海峡海底隧道，终于在中点
接通。

1995年
Levi's 501号牛仔裤
广告本年赢得33个
奖项。

满足虚荣心的价值

如果设计师的名字能在国际上促销从腰带到太阳镜的所有东西，那么发挥市场潜力的最佳途径，可能就是特许众多的制造商使用这个名字。特许经营要受到周密的监控，对于推销一个品牌，这是一种有效且极其有利可图的方式，但一定要谨慎行事，并自始至终控制质量和销售。过滥使用会导致缺乏独特性，品牌也会随之贬值。80年代，皮尔·卡丹特许800多个商家使用他的名字，其中很奇怪地包括一个生产斯库巴潜水设备的厂家。其他公司，譬如Hermès则牢牢地控制特许经营，只和自己的生产厂家合作，以确保品牌不会变得太平常，始终受人宠爱。

况已完全失控。有人估计，大街上所见的LV包，有90%是低劣的仿制品。现在，由于控制越来越紧，保护主义政策越加彻底，情况有了些许好转，但品牌总是有着巨大的吸引力，非法仿制肯定还是有利可图的。

劳伦：即便他的腋窝，也透出贵族派头。

《豪门恩怨》（Dynasty）使用Hugo Boss提供的服装，大大有利于巩固这家德国公司的国际地位。

然而，胆小懦弱的人是开创不了一个品牌的。据估计，每20种新的品牌中，就有17种夭折并付出高昂的代价。具有讽刺意味的是，判断一个品牌是否成功，最有效的方式之一是计算它被非法仿制了多少。一些顶尖的品牌，如Chanel, Ralph Lauren, Polo, Armani, Gucci, Calvin Klein, Versace, Hermès和Prada，都深受无所不在的假冒伪劣产品之害，到80年代中期情

STYLE ICON

美国设计师拉尔夫·劳伦（亦见第104页）很机敏，他发现，向他的顾客兜售整套的生活方式，而不仅仅是服装，会带来无限商机。他将三四十年代的款式翻新，设计了传统美国样式的便服，并花一大笔钱拍了一些很漂亮、极其浮华的广告，浓缩了他对美国东岸贵族气派理想化的看法（想想玛莎葡萄园的海滨大宅和游艇）。他还明智地推销他的马球手标识，使之成了一个特别容易辨认的地位象征，人们只是太乐意多付点钱买下来，尤其当他们连马球棍和弹簧单高跷也分不清的时候。

1981年
美国电视连续剧《豪门恩怨》使系列服装和行李箱甚大为流行，"Krystle"和"Scoundrel"香水也让人们想起两名女主角。

1986年
查尔斯王子在英国电视上承认，他常常对着花草树木说话。

1987年
在电影《华尔街》中，迈克尔·道格拉斯（Michael Douglas）声称"贪得无厌是好的"，又说"胆小鬼才吃便餐"。

20世纪80年代
消费过度
垫肩和紧身西装

英国服装设计师哈姆内特（Katherine Hamnett, 1948~）首先提出"power dressing"一说时，她并非仅仅是指上班的妇女人数在势不可当地增加，也是指美国棒球队球衣上的肩垫体现了80年代中期活跃积极的穿衣风格。《豪门恩怨》（Dynasty）式的服装并非那个年代唯一的遗产；我们使用过多的喷发定型剂，以致臭氧层被严重破坏，也涂了过多的蓝色眼影，堪与最可人的俄罗斯空姐匹敌。

头发做得大，脑袋也大。

想 理解80年代实在骇人的时尚，就得分析导致彩色针织暖腿套、降落伞短裤以及粉色夹克套装之类的东西出现的诱因。继70年代的萧条期后，我们正处在经济高潮的浪尖。"撒切尔夫人主义"和"里根经济政策"，私有化和"贪得无厌是好的"这一咒语，引发了一种新的炫耀方式，每一件都要显示"身体美"。如果你的体形不完美，就戴上一串假珠宝，或穿上一件宽松衬衫，用一条宽宽的松紧带扎进腰里去掩饰吧。名牌服饰中，设计师蒙塔纳的服装肩缝都很宽，上面可以稳稳当当地搁一杯茶；德国Mondi牌子的上装颜色鲜艳，铺张豪华，嵌满仿制的海军徽章和金色纽扣。你如果是一名舰长，穿着受电视连续剧《迈阿密风云》

1988年
据前白宫幕僚长说，里根总统在做重大决定前，都要请星相家占卜一下——比如决定何时向戈尔巴乔夫举行核裁军会谈。

1989年
英国的青少年吸食"灵魂出窍"迷幻药，待在迷幻的屋子里，参加狂欢会，穿着宽松的便服，颇有点嬉皮士迷迷瞪瞪、腾云驾雾的样子。

1990年
雅皮士（Yuppies）流感成为本年度的流行病，工作压力大的人都受到了侵袭。

启发的粉色西装，在佛罗里达群岛柔和的灯光下很好看；但在巴西尔登（Basildon）的酒吧里，效果就不怎么样。

回顾一下，80年代的时装，受媒体的影响超过了国际时装舞台的影响。哈姆内特拜访唐宁街10号时，穿着一件T恤，上面写着"58%的人不要潘兴"，这除了让撒切尔夫人大惑不解外，没起到什么作用，但引得当代流行歌坛的一些偶像纷纷效仿。当时，你如果是一个十来岁的少年，很可能拥有一件上面写着"Choose Wham"或者"Frankie Says..."的运动衫。为人父母者，开始穿上颜色鲜艳的簇新的休闲装，如樱桃红和薄荷绿色的；80年代末，这种休闲装寿终正寝，被松身淡色西装取代——这是糟糕透顶的错误的时装，许多人发现穿上它不仅出汗，而且容易

Krystle和Alexis让我们想起《豪门恩怨》真的很庸俗。

青少年电影

在美国，青少年电影的重现，影响了服装的样式：在《红粉佳人》（Pretty in Pink）中，莫利·林沃德（Molly Ringwald）穿着长辈留下来的旧衣服；麦当娜在《神秘约会》（Desperately Seeking Susan）中初登影坛，便引得一帮少女纷纷佩戴假珠宝，穿上带链条的短裙，裹着护腿，而少男则穿着扣得紧紧的衬衫，bolero式短夹克，最勇敢的男孩甚至镶上闪光珠片，在回家的末班公车上直面别人怀疑的目光。

在电影《红粉佳人》中，莫利·林沃德穿着她祖母留下的衣服。

情绪激动。

很遗憾，90年代人们主要关心生态和天然纤维，80年代盛极一时的难看式样便销声匿迹了。Armani的设计技艺精湛，人们都喜欢那禅定般的含蓄沉静，暖腿套和啦啦队式短裙便都进了垃圾箱。尽管最近有人试图重新使用垫肩，但如今你只可能在廉价的旧货店和乡间的婚宴上见得到。

1980年
西约克郡的Gwen Matthewman成了编织速度最快的人，每分钟能编织111针，创下了世界纪录。

1981年
意大利953名政府官员卷入一个秘密共济会组织，内阁辞职。

1986年
俄罗斯和平号空间站被送入轨道，其后多次遭受意外，其中一次是1997年与一艘补给飞船相撞。

20世纪80年代至现在
软肩之王
Giorgio Armani

笑得如纨绔子弟，皮肤晒得终年呈棕褐色：这就是时装教父。

意大利设计师阿玛尼（Giorgio Armani, 1934~ ）是自由式服装之王，也是不着一字尽得风流的时装皇帝，我们这个时代最有影响的创造天才之一。他在80年代中期大力推行的软肩式套装，已经成了20世纪晚期时装强有力的基础，他的影响是无与伦比的，他的名字在意大利和教皇的名字一样受人尊崇。造访其米兰总部的人，都会在当地机场不由自主地注意到使机场溢彩生辉的Emporio Armani服装。

Armani打入男子内衣市场（1996）。

当今的大多数设计英雄，都被夸张手法的潮流簇拥着，上了光艳的彩色时装杂志，留下极少的影响。Armani和他们不一样。1954年他开始在意大利Rinoscente商店集团当学徒，最初是专门布置橱窗。在这家公司的设计部待了七年后，他出师为切瑞蒂（Nino Cerrutti, 1930~ ）设计男装，1974年，他推出了自己的男装品牌，随后一年又推出女装。现在，阿玛尼是在美国销售量最大的欧洲品牌，但自80年代中期推出第一批软肩上衣后，他的设计没有什么变化。他的准则很简单：不要依据传统的缝纫原则来制作上衣。阿玛尼上衣的外部特征是：自肩部以下呈褶绉状，使身体曲线变得柔和，彻底

1988年
Jasper John在涂上颜料的东西上模印一些标签，作成了雕塑《失败的开端》，该作品售得1705万美元，创下一项纪录。

1991年
《大问题》（The Big Issue）杂志在伦敦创刊，由那些无家可归的人印制、销售。

1996年
欧洲夫妇平均生1.5个孩子，而在中东和非洲，为6个。

朱迪·福斯特喜欢穿着Armani服装参加商务会议，也穿着它领取奥斯卡奖。

FASHION ESSENTIALS

Armani从未用过任何刺眼的颜色和醒目的印花，他常用的典型颜色是一些素净的如褐灰色、橄榄色、鹿毛色和驼色。他设计的套装肩部宽松，线条整洁，均以柔软的高级面料制成。上装宽松，裤子剪裁精良，女装却偏中性化，是为职业妇女设计的，虽然意大利的姑娘们还是喜欢穿短裙子，在臀部打个结。宽松随意地穿上米色衣服吧！

喜欢Armani的人，都极其信赖他的服装，认为剪裁舒适宜人。

去掉不必要的缝褶和为使衣服合身而褶出的线条，给那些已厌倦power dressing的人提供一个温和得多的选择。

开始做这行当时，他设计的服装很昂贵，总是使用一些高档面料，如羊驼毛、山羊绒和绒面革。为了扩大其顾客基础，满足追求品牌服装和具有时装意识的公众日益增长的需要，他设计了一个价格较便宜的系列，名为Mani，乃是用合成面料制成，这种面料很先进，无法仿制；同时他还受便服启发设计了Emporio Armani服装系列，大受欢迎。

GOSSIP

那些在Armani时装展示会上打呵欠的新闻记者都倒了霉，有传言说，大师本人以一管潜望镜暗中窥视观众，谁打了呵欠，就指令其新闻官用手电筒照谁的脸。你能躲避这种羞辱吗？

Armani是后现代时装的典型，看起来也许没有什么特色，但影响已渗入大众市场，重新界定了今天所有的成衣工艺，即便对最低廉的服装也是如此。他是一个深居简出的人物，很少接受别人的访问，其位于米兰Borgonuovo大街21号的总部不像设计工作室，更像城堡，里面有个地下室，是展示其时装的场所。然而，即便在市场上有些份额的Prada和Gucci，也体现了20世纪末的意大利时尚；但在过去的20年里，也许在将来的20年里，拥有一套Armani服装，是关注时装的人渴望得到的看得见、摸得着的财富的体现。

1981年
教宗约翰·保罗二世在圣彼得广场进行每周例行的接见时，被一个土耳其刺客枪杀。

1986年
Norman Foster设计的香港汇丰银行大楼投入使用，遵照风水大师的劝告，大楼部分使用了透明的建筑材料。

1989年
在纪念尼日利亚决定杜绝象牙交易的庆祝会上，价值三万美元的一千二百万吨象牙在内罗毕被当众销毁。

20世纪80年代～90年代
时装和悲剧
Versace

Donatella和Gianni Versace，他们的妈妈准骄傲得不得了。

范思哲（Gianni Versace，1946～1997）将被人们当作一出悲剧的主角而被永远铭记。80年代末和90年代初他那丰富多彩的设计，形象地体现了时装学校"你一旦得到，便尽情炫耀"的信条。这个各方面堪称明星的男人，穿梭于时尚名流圈中，与他那些世界名人的主顾们相比也毫不逊色。

范思哲18岁时在母亲的工作室开始了他的时装设计生涯，之后曾为意大利品牌Genny和Callaghan工作，再后来，他于1974年酝酿设计并推出了Complice品牌。1978年3月，Versace品牌诞生了，他把男装、女装、香水甚至童装改变成为时装界堪与摇滚经典比肩的时装风格。Versace的典型特色是将对裁剪的深刻理解与下垂的褶绉结合起来，他的同胞兼对手Armani使用薄斜纹呢和褐色织物显得生硬、呆板，Versace用下垂的褶皱、鲜艳的浅色缎子、锁子甲和洛可可风格的印花。一度被认为"有伤风化"的款式，如紧身连衣裤、迷你裙、胸衣，经Versace的推广，被人们接受并喜爱。他对下垂款式与面料斜式裁剪深得其中之味的运用，把许多超级名模装扮成了衣着华丽、鲜艳的罗马女神。

Versace的时装表演更是风格独具：玻璃做的天桥，以保护成排的录像屏

Liz Hurley以Versace时装和著名的男友而知名。

1992年
塞尔维亚军队被指控在波斯尼亚进行"种族清洗"，据说奉命命纵容士兵强奸穆斯林妇女，使其怀孕。

1994年
AC米兰队夺得欧洲冠军杯的总冠军。

1997年
在范思哲的葬礼上，威尔士王妃戴安娜刚刚劝走过Elton John之后不久，John又在戴妃的葬礼上为她演唱了一首《风中之烛》（Candle in the Wind）。

名流荟萃。1997年在范思哲的葬礼上，名人明星们沉痛悼念范思哲。

时装追随流行曲

像三四十年代的电影明星一样，八九十年代的流行曲明星也开始追求自己的时尚潮流，从乔治男孩的化妆术，垫起的头发（见第119页）到辣妹的松糕鞋（见第41页），Geri Halliwell的英国国旗装。麦当娜（见第95页）开创了内衣外穿的风气，露肚脐的卷身窄裙，蕾丝花边紧身短背心，长长的黑手套和十字架珠串项链。迈克·杰克逊则只戴单只手套（如能模仿太空步，那就更好了）。朋克（见第108~109页）、Grunge（见第135页）和迪斯科（见第92~93页）时装也是全赖流行曲歌星们的大力推广，但并没有多少人蜂拥着模仿埃尔顿·约翰金银纱lurex西装和莱茵石装饰的眼镜，想知道为什么吗？仔细看一看第110~111页吧。

幕，埃尔顿·约翰对口型的最新单曲，从天花板上降下来的迪斯科伴舞队在镜子舞台上表演，参加时装发布会的社会名流，毫不逊于奥斯卡颁奖典礼。范思哲的顾客更是一部摇滚明星和大众传媒界的"名人录"，最热诚的支持者中，有埃尔顿·约翰、麦当娜和威尔士王妃戴安娜。1982年，范思哲的设计生涯掀开新的一章，他与舞蹈造型艺术家莫里斯·贝嘉（Maurice Béjart）合作，为话剧、歌剧、芭蕾舞剧设计制作戏装，这股激情反映在他的设计之中，使他的时装显现出戏剧化色彩。

然而，不幸的是，伴随他的事业的各种盛会突然残忍地结束了，1997年7月设计大师在迈阿密南洋大道他的家外被人用枪谋杀。他的妹妹，一直与他亲密合作的多纳特拉，在时装编辑与顾客们强烈的吁求之下，为了公司默默地接下了总设计师的职位。沿着历史再革新以及最重要的范思哲时装一以贯之的智慧的性感之路，强烈的色彩，干脆、流畅的线条，一如既往仍是范思哲时装的精髓所在。

1981年
Lan Paisley因为用"不符合议会规则的语言"谈论北爱大臣而被暂时解职。

1982年
Alice Walker创作了小说《紫色》（The Color Purple），Whoopi Goldberg和Oprah Winfrey因在1985年演出同名电影而走红。

1987年
Bernardo Bertolucci执导的影片《末代皇帝》（The Last Emperor）荣获奥斯卡最佳影片奖和最佳导演奖。

20世纪80年代至现在
意大利竞争对手
Prada对Gucci

每个时代都有自己的时装偶像。70年代，圣洛朗（见第90~91页）那净化了的民族的审美趣味深得人心，甚至连偏远乡村的家庭主妇都在考虑要不要披一件土耳其长袍。80年代由于新生的雅皮士一族嗜好所有的镀金饰物和珠宝钻石，结果Chanel时装风头最劲。随着90年代人们热心参与和关怀风气的到来，意大利设计师们先后手执牛耳，如果说Armani仍偏重为职业女性设计装扮，Prada和Gucci就好比在女人们面前挂了一束可望不可即的胡萝卜般诱人、引人垂涎。

Dolce & Gabbana为现代人重新包装"主张男女平等之前"女人的偶像——并且成功！

早期的手提包。

动力二重奏

Domenico Dolce（1958~）和Stefano Gabbana（1962~）是意大利时装界的编蝠侠和罗宾，他们为忠心耿耿的放纵派女顾客提供西西里人心目中的性感形象：娼妓和贵妇的混合体。他们传统的高档时装和极受欢迎的D&G系列，都擅长鲜艳傲慢的服饰，这是从意大利南方文化和传统中得来的灵感，已得到一些名人如麦当娜等的首肯和喜爱，麦当娜十分喜欢他们用莱茵石镶嵌的紧身衣。

犹如神话中发出不协调之声的巨岩一般，Prada和Gucci则像当代风格的Scylla和Charybdis，彼此不能相容，美学观念大相径庭。穿Gucci牌子的女孩可能喜欢在夜总会痛饮龙舌兰酒，而喜爱Prada服装的女子正在严肃地讨论哲学命题。Prada意欲以智慧接近时装，Gucci则一心一意塑造轻松休闲气氛。但不管怎么说，这两家品牌代表的是同一个奢华市场对立的两个方面。

建于1906年的Gucci原是一家鞍具制造公司，Prada公司1913年成立初期主要销售高档皮货和进口物品。今天，两家公司都主要依靠鞋类以及皮包销售，Gucci还售卖一些新颖的小件，如小狗篮子、手环、猫狗项圈。两家公司都有多样化的发

1991年
小说家芭芭拉·卡特兰（Barbara Cartland）受封为大英帝国女爵士。

1992年
Sears的邮购目录被送到1400万美国人家中，共售得33亿美元。

1997年
被誉为美国最合格的单身汉小约翰·肯尼迪，与曾为Calvin Klein工作的Carolyn Bessette结为连理。

展历史。20世纪五六十年代Gucci已是国际知名品牌，80年代中期，Gucci因授权多家小企业而七零八落，声誉下降，两千多种产品都缀有Gucci商标，其中许多是廉价货。1988年公司财政状况好转，创办人的孙辈将公司产权卖给了一家投资公司，后者果断地削减了授权生产商的数目，接连任命了几个新的设计指导，其中就有1994年任职至今的设计师福德（Tom Ford），他激励着Gucci超越昔日的辉煌。

Prada的发展历程倒没有那么复杂，但1978年当Miuccia Prada和她丈夫及商业合作伙伴Patrizio Bertelli接管这个家族企业的时候，Prada已濒临破产边缘。Miuccia重新开发了先辈们在旅行箱上刻花押字的金属三角标志（有点像Gucci修饰鞋和手袋的马衔铁）。她用尼龙（从意大利军需处获得专款制造军用帆布背包，那时尼龙还不是时装的主要面料）把手袋带入新

天地，引起手袋工业的革命；并自1989年首次发布女性成衣时装以来，即成为优良品质的标志。

在米兰，你可根据游客的流量来判断这两家品牌受欢迎的程度，游人在Montenapoleone街Gucci的旗舰店和Andrae Maffei街Prada店之间流连忘返。不必多提，这两家百年老店都经营得很好，谢谢。

Kate Moss穿着Gucci的天鹅绒低腰裤和丝绸衬衫，1995年。

1983年
Valentino设计了一件黑白格子的大衣，配一双宫廷式黑鞋及黑白格子的鞋底。

1988年
Jean-Michel Basquiat因服食过量麻醉剂药物死亡，他曾是纽约地铁的壁画画家，后与Andy Warhol涂鸦合作。

1991年
在南汉普顿（Southampton），两名艺术家承认他们是玉米田圆圈的始作俑者，但世界上成千上万个虔诚的宗教信徒坚持认为这是超自然力量的创作。

20世纪80年代至现在
保守时髦
德国时装

Jil Sander大衣展示了她著名的"朴素的古典主义"。

当伦敦正在绞尽脑汁施展最新策略，启用还未从大学毕业的年轻设计师，巴黎正在欢呼日本天才汇入法国时装界，米兰正在猜测将有哪些名流出席范思哲的时装发布会时，德国时装正以其高品位的保守主义精神装扮着世人。对那些喜爱时装的人来说，杜塞尔多夫这个富裕的城市或许不能代表欧洲时装界的中心，但是你们附近的时装店里Teutonic牌子的服装，可能和时髦的法国名牌、朝气蓬勃的意大利名牌一样的多。

Olsen

联营及针织服装店Olsen是德国典型的成功一例。它建于1901年，直到1995年才拥有自己的商标，该家族旗下公司决定把Olsen作为时装品牌，现在它每年的收益已达1.8亿德国马克，在欧洲、北美有数千家零售商。对针织服装经营来说这已经很不错了。英国设计师虽然名扬海内外，服装销售量却上不去：这就是德国人成功的秘诀。

界上最大的服装交易展览中心CPD位于杜塞尔多夫市，有14个展馆，每个展馆里都堆满了展品。各种档次的服装，从高雅的晚礼服到超传统的阿尔卑斯式村姑裙［像从《小孤雏》(Heidi) 电影布景中走出来的戏服一般］。对采购服装的人，特别是对那些其顾客把买服装等同买一台新冰箱的服装商来说，CPD季度采购是主要重点之一。

大家要明白，德国时装界用不着一定要围着如卡尔·拉格斐（见第78~79页）和吉尔·桑达（Jil Sander）等设计师转圈，二人已选择在国外施展才华。事实上，本地成衣制造业的名牌如Escada、Mondi和Betty Barclay对一定年纪的女性具有无尽的吸引力，这些女人已经不再希望穿戴天桥上那些极端前卫的时装，可又不甘心打扮成老古董的样子。虽然德国时装界一向有朴素端庄但缺乏锐气的名声，但从社会学上远比评论家使我们相信的重要得多；因为德国以严谨的现实精神而不是可望不可即的浪漫态度对待时装。那种饰上徽章和镀金纽扣的垫肩便衣上装，80年代的一大卖点，可能是出自Mondi之

1995年
"无赖交易员" Nick Lesson在新加坡期货市场的交易损失额高达6.2亿英镑,导致巴林银行(Barrings Bank)破产。

1996年
挪威的Hege Solli设计了一件裙裾长达670英尺的婚纱。

1998年
英国的Delia Smith通过教人如何煮鸡蛋而快速致富。

手;适合新娘母亲在婚礼上穿着的时髦套装或许是Escada慕尼黑的工作室设计的;舒适的衬衫与相配的半截裙,适宜赴周日午餐或驱车到郊外游玩的,可能是Betty Barclay的作品。

如果向德国成衣制造商问业内的情况,他会热情地称赞贴在"合体易穿"长裤上的带弹力的镶片或大受欢迎的休闲装,或如天丝等免熨新面料的优点。问服装零售商,会告诉你供货是多么及时,一些听来不怎么响亮的品牌如Mothwurf由于质量上乘,而能够和Lower Ribblethwaite的精品时装店出售的Prada平分春色。当然,没人会否认这只是时装百花园中的绿草,但每座花园又少不了绿草。对那些半耐寒的多年生植物——设计师而言,其生存空间通常是有限的。德国时装讲究舒适、经典,也并非如媒体所描述的总是那么"古板"。

Escada聘请了美国人奥德汉姆(Todd Oldham,1961~)当顾问,力图树立其多姿多彩的品牌形象;Mondi启用来自劳伦(见第104页)的诺里斯(Maggie Norris)改变其设计所风格;就连一些比较保守的品牌如Strenesse也通过米兰的时装发布会提升自己的时装。德国时装界不大可能(少有例外)开创革新之潮,但它可以褪尽虚饰,你更可能看到整齐的两件长裤套装,而不是Galliano极尽奢华的风格。

FASHION ESSENTIALS

吉尔·桑达是80年代中期德国简约服饰运动的领导人物,她采用简洁清晰的线条和从男装改制过来的服装外形、中性化的颜色、质量上乘的面料,生产出经典的长裤套装和似乎永不会过时的外套。Basler、Ara、Bianca这些不太创新的德国公司,即成功地迎合了中产阶级的趣味。

中产阶级的舒适:Betty Barclay的尼赫鲁式上装及长裤。

Kate Moss一身"一下床,不必考虑穿什么"的打扮。

1991年
一种被称为"时尚"的舞蹈，是纽约的哈林姆区黑人、拉丁籍男扮女装的同性恋者模仿时装模特儿走天桥的样子发展而来的，被电影《巴黎战火》摄入镜头。

1992年
拳击手泰森因强奸黑人小姐大赛的参赛佳丽Desiree Washington而被判处6年徒刑。

1993年
金·贝格（Kim Basinger）因拒绝在影片《情碎海伦娜》（Boxing Helena）中扮演一个四肢被砍掉后装到盒子里的女人而不得不赔偿8900万美元。

1990年~1998年
超级名模
比好莱坞大明星更闪烁

当琳达·伊万格丽斯塔（Linda Evangelista）宣称："一天挣不到一万美元，我们是不准备下床的"，对世人而言，崭新的模特儿一族——超级名模诞生了。根据"形象等于收入"的等量原则，90年代初的名模发现她们可以自己规划前程——事实经常如此。

1990年英国版《时尚》封面的纳奥米、琳达、塔嘉娜、克莉丝蒂和辛迪。

"超级名模"这个词最先出现于80年代末，尽管经济有点衰退，一些模特儿的魅力和大牌明星的地位还是足以确认最重要的时装品牌身份，为那些高级时装带来效益。大多数设计师都很乐意投资名模们开出的天文数字，因为预见到投资所能得到的回报。身材苗条有男子气的塔嘉娜·帕迪斯（Tatjana Patitz），经典美人克莉丝蒂·杜灵顿（Christy Turlington），美国味十足的辛迪·克劳馥，千面娇娃琳达·伊万格丽斯塔，小猫咪一样的纳奥米·坎贝尔（她是第一个上法国版《时尚》封面的黑人

钱

钱，钱，钱。克莉丝蒂·杜灵顿与Calvin Klein签的合同花了他三百万美元；克劳迪娅·希弗在其鼎盛期每年能挣一千二百万美元；辛迪·克劳馥是美国人最喜欢的挂历女郎，光一这项就让她发了大财；范思哲会忍痛付给每一位在米兰天桥露面的超级名模三万美镑的报酬。但她们并不会事事成功顺遂，纳奥米·坎贝尔尝试创作的小说糟得没法读，唱的流行歌曲比写的小说更糟。超级名模们创办的时装咖啡店就从未真正赚过钱（模特儿与食物也许从来就风马牛不相及吧）。

天桥上刁钻刻薄的谣言被绝对否认。

1995年
茱丽娅·罗伯茨、蒂姆·罗宾斯、雪儿等明星在Robert Altman的影片《霓裳风暴》（Prét a Porter）中纷纷亮相，该影片以巴黎时装周为背景。

1996年
年仅七岁的Jessica Dubroff想成为驾驶飞机飞越美国的年龄最小的飞行员，但不幸遇难。

1997年
世界第一届同性恋小姐选美比赛在伦敦举行。

Kate Moss在吃早餐，或许是午餐，也可能是晚餐。

女子），和德国的金发女郎克劳迪娅·希弗，这些尤物似乎都拥有某种使公众疯狂地购买时装的神秘因子。摄影师史蒂文·梅塞（Steven Meisel，1954～）给灵顿、坎贝尔和伊万格丽斯塔起了一个形象的名称叫"三位一体"，在激发、鼓励大众对名模们的想象力方面，梅塞功不可没。

Twiggy第二

Kate Moss重新界定了模特儿这一概念，与90年代初的超级名模形成鲜明对比，她瘦削，身高1.70米，两条腿还有点罗圈。21岁的时候她已和克雷恩（见第104页）签订了200万美元的合同，著名时装摄影师Corrine Day（见第34页）发掘了她，她那泰然处之的闲适态度恰好代表了克雷恩的最新趋向，尤其是新款香水CK One。Moss有许多当红名模的脾性（与电影明星约会，喜欢参加Party），和以前那些体态丰满的模特儿们大不相同，她有一种出类拔萃的气质，在同类当中显得卓尔不群。她还（嘿！）比其他名模年轻。

大众对超级名模们的膜拜心理日甚一日，乔治·迈克尔在他的音乐录像《自由》中更是将名模们神化，使她们永久成为MTV一族中受人爱慕的角色。名模雇用保镖，杂志热衷于报道她们，有人为她们树碑立传、叙述她们的生活，甚至开发了超级名模玩具娃娃。

不过，新闻报道揭发为了争穿出场衣服而发脾气，大众对高额收费的不满，再加上新一代以Kate Moss为首的普通模特儿的迅速崛起，共同加速着超级名模的衰落。到目前为止，还没有慈善机构试图伸出援手，挽救这些濒临灭绝中的一代稀有名模。

1991年
电影《土拨鼠日》
（Groundhog Day）
反反复复上演了宾夕
法尼亚州一个小镇上
的一天。

1992年
米亚·法罗（Mia
Farrow）发现伍迪·艾
伦和她21岁的养女宋仪
有染，两个人遂分道
扬镳。

1993年
摇滚明星普林斯把
他的名字改为"普
以普林斯著名的艺
术家"（The Artist
Formerly Known as
Prince）。

1991年~1999年
时装反穿
解构的精髓

Margiela用假人代替
活模特儿。哔！

作为非学术意义上的一个术语，"解构"这个词给从截然不同的角度审视时装带来一丝睿智的色彩。实际上，所谓"解构"，指的是通过服装的各个组成部分来看待服装，从传统的款式构成构造出新的服装结构：外套可以朝外反穿，露出线头和衬里；糙的毛边，没轧完的缝头不是因为缝纫技术太差，而是有意为之的精彩之处；最极端的解构式时装，干脆拿一块料子，在身上一裹，就成了半截裙。

解构的基本原理你知道了，现在该说一说它的起源，或不如说，起源的城市：比利时安特卫普市。安特卫普一向以贻贝、薯条、巧克力闻名于世。这个省

怎样把一件旧床单变成时髦货：安·迪穆拉米斯特设计。

会城市还出产了90年代末最有超前意识的设计师马丁·马杰拉（Martin Margiela），安·迪穆拉米斯特（Ann Demeulemeester），德赖斯·范诺顿（Dries van Noten）和W&LT名气的 Walter van Bierendonck。这些解构流派的积极倡导者，重新界定了传统缝纫法和成

FASHION ESSENTIALS

☞ Margiela的风格：把外套袖子撕掉，加上古老的印花面料，再把它反过来，露出线缝。

☞ Demeulemeester的翻版：嬉皮士的面料配直筒无装饰的大衣，三角背心配低腰吊带裙或吊带裤。

☞ Dries van Noten喜欢多层紧身套衫，丝线编织衫，宽松大衣，斜排扣外套。

1995年
足球运动员Eric Cantana用武术给了球迷一大脚！

1997年
一个跳伞运动员的降落伞没有张开，他从12000英尺的高空砸下来，正好砸在教练员的身上，他活了，教练员死了。

1999年
莱温斯基讲述她和克林顿总统风流韵事的书登上了畅销书排行榜，虽然人人都听腻了他们的故事。

衣技术的概念，从前这可是巴黎、米兰和伦敦Savile Row（见第20~21页）高级裁剪师的地盘呀。上述人士全部毕业于比利时的安特卫普皇家艺术学院（Antwerp Academy），地位相当于伦敦中央圣马丁艺术与设计学院（见第136页）和纽约的帕森（Parson）设计学院，都是培养大牌设计师的摇篮。

基本构成

这些人虽然有相似的起点，各不相同的手笔体现了忧郁的北欧人的审美特色，但本质上各有特色。德赖斯·范诺顿设计的精彩之处，在于他的民族情调、色彩、在长长的分层次的服装轮廓上，粗野的不协调图案与质地的结合。安·迪穆拉米斯特擅长把面料和富有独创性的款式饶有趣味地统一起来。马丁·马杰拉（解构派最杰出的代表人物）大胆地向我们的设计观念提出挑战，重新放置了袖笼的位置，把人体轮廓倒置，把外套和大衣里面的贴边、线头露在外边。他把前卫的想法付诸时装设计并开创了新天地，他因此被任命为豪华时装品牌Hermès的设计师。这说明了曾被视为难登大雅之堂、只为极少数时装迷所接受的观念，如今已得到中产阶级上流社会的普遍认可。

褴褛的时髦

不仅仅是为邂逅找借口，90年代初，Grunge的反时装口号团体发展起来，由老于世故的街头青年和名歌星组成，破破烂烂的衣服，不是大得没谱就是小得过头。根本不搭配的颜色和图案，是他们的着装特色。时尚潮头的弄潮女麦当娜，一副Grunge的打扮，平直的头发，漂亮的礼服，撕破的外套。起初，迷恋Grunge的人得在旧货店才能淘到这些破烂儿，自从有了几个和他们志同道合的设计师，这些东西可就身价百倍了。

Nirvana在西雅图热心提倡Grunge形象，出门之前忘了刷刷头发。别放在心上！

迈克尔·杰克逊的脸看着不错，但裤子要补补了。

1997年～1999年
英国很cool
独创性和街头风格

为英国时装载歌载舞：McQueen 的时装表演。

"伦敦时装周"，以前是为迎合那些秀色可餐、初涉社交的少女及精疲力竭、爱参加舞会的妇人而举办的活动，后来改变了英国服装业低回迟滞的状态，使伦敦成了世界各地采购服装者必须光顾的地方，也是媒体交换信息的要地。将这个城市孕育的天才设计师——列出，是很可笑的；伦敦作为时装之都的成功秘诀，在于其多样化，既有世界级的大师，如麦昆（Alexander McQueen, 1969~）和加利亚诺（John Galliano, 1960~）——他们曾分别效力于纪梵希和迪奥公司，也有数不清的英国设计专业大学毕业生，不断丰富在海外家喻户晓的许多名字。

是什么产生了这么一个创造力的温床，一清二楚地讲出来，并不是件容易的事。也许是说不清的原因，也许是新工党和布莱尔首相的出现带来的乐观的经济形势，但首都伦敦长期以来就是街头时尚强有力的一环。进迟任何一个时髦的夜总会，你可能会撞见让-保罗·戈尔捷（见第95页）本人在角落里忙不迭地速写，或者一队日本摄制组在舞池里穿梭。但是，向国际时装界输出了一批又一批设计师的，是英国的一些服装学院，真的值得赞扬的是中央圣马丁艺术与设计学院（见栏中文字）。

尽管国内新闻界的反应越来越不冷不热，已经厌倦了为自己的国家大吹大擂，而在"伦敦时装周"

谁说过衣服一定得能穿？

1998年
Hanif Kureishi写了一部小说，讲的是一个男人离开了他的妻子和两个孩子；不久作者本人也抛下妻子和两个孩子走了。

1999年
贝克汉姆（David Beckham）和辣妹Posh Spice生了个男孩，名叫布鲁克林（Brooklyn）。

1999年
历史剧在各种电影评奖中大获全胜，《莎翁情史》囊括了好几项奥斯卡大奖，《伊丽莎白女王》在BAFTA上所向披靡。

不同凡响的表演大师：Galliano
时装秀舞台好似夜总会。

STYLE ICON

中央圣马丁艺术与设计学院（Central Saint Martin's College of Art and Design）位于伦敦苏豪区（Soho）的中心，是培养英国设计创造力量的学校。由于缝制的衣服镶带锋刃派绘画风格，曾被指责为"土壤时髦"，它也使设计师Matthew Williamson具有鲜明的种族特征，和培育了Antonio Berardi的建筑复古主义。它的宗旨是传授敏锐的商业触觉（因为80年代有许多设计师破产）和创造力。它培养的学生包括加利亚诺、麦昆、麦克尼等，不胜枚举。

的影响下，法国和一些美国人也投下大笔金钱，努力在海外举办时装表演，但伦敦作为时装之都依然繁荣。街头服装牌子如Vexed Generation, YMC和Maharishi，已经说服那些爱穿便服的人改穿摩登极简抽象艺术风格的服装，而那些狂放不羁的艺术家则被宠坏了，因为有太多的时装店供他们挑挑拣拣，譬如The Cross, Fashion Gallery和Voyage（后者声称，教皇是唯一一位不从店内抓一件丝绒花边女装的名人）。

最终还是"伦敦服装周"本身养育着天才。英国时装也许仍然没有如Armani和Klein般的销售实绩，但是，公众却越来越渴望新的款式。不久的将来，或许会在销售数字上也创出奇迹。

斯特拉·麦卡特尼（Stella McCartney）光彩夺目的事业，从圣马丁学院一直到Chloé。

2006年

裙撑重新流行，但大些，也要好些。时髦人物经常光顾的商店和夜总会不得不把门开得大点，好让妇人挤进来、挤出去。

2018年

经过基因改造的花热销市场；它们能常年不谢，并散发出香味。

2024年

妇女再也不用在更衣室试衣服了，大多数商店都安装了全新的机器，能显示出穿上衣服后是什么样子。

21世纪
未来服装的样子
未来主义服装

这是第三个千禧年。然而，在某种程度上，人们对于服装之未来的想法，依然受到源于20世纪60年代的一批"太空时代"设计师（见第88~89页）推行的未来主义观念的束缚。事实上，明天的设计师同样可能受街头文化的影响，正如简·芳达在电影《太空英雌巴巴丽娜》（Barbarella）中穿着一身聚酸甲酯（perspex）有机玻璃制成的紧身服一样。

时装在今天已经无远弗届，无论是来自时装天桥，还是市井街衢，谁都不能声称自己对平民大众有深远的影响。流行趋势保持的时间更长，时装沙龙设计出来的服装也许最终会摆在小摊上，尽管是聚酯面料，而不是有手工刺绣的缎子。

"时尚"一词已经扩大，包括我们吃的食物，我们的家居室内环境以及我们在花园里种的花花草草。"生活方式"销售学已经断定，要想艺术性地实现自己的梦想，人就得生活在《Martha Stewart Living》杂志的专栏鼓动起来的环境里。

我们永不餍足地购进无法实现的梦想，导致心神不宁、不断地去创造。一些细致的分析认为，今天的大众市场是"risk averse"，每个连锁店的设计室都等待时机去让人相信，它新设计的系列服装是采自国际时装舞台，适合大众的穿着，生产的系列产品，几乎没有创新的成分，对顾客的吸引力也有限（这些顾客在大同小异的商品货架前溜达，区分这些商品，只能靠领子后面的商标）。

如果说，旧时代的审美曾要求大众市

太空学员：简·芳达在有性镜头的科幻片《Barbarella》（1967）中扮演角色。

2039年
Oasis乐队东山再起，举办了一次巡回演出，那时Noel和Liam已六十多岁。

2051年
在其七十大寿庆典上，英国的威廉国王宣布，他要休了妻子，与一名十七岁的跳大锶舞的舞女结婚。

2065年
抗衰老乳霜已十分成功，不检验一个人的电子身份（Electronic ID），就不可能分辨出他的年龄。

FASHION ESSENTIALS

从The Gap 购置基本服装，从Prada买双鞋，在跳蚤市场上挑一些小配饰——或者由Prada处买时装，The Gap处买配饰，从跳蚤市场找双鞋——这都无所谓。

这身看起来就像俄罗斯铅球运动员穿的衣服，其实是Prada设计的作品。

米安乐毯，在长途飞行中颇受时装新闻界的钟爱，现在已被大街上的服装巨人马莎百货引入时装领域，目前是伦敦旗舰店最畅销的商品。

平庸无奇的尼龙和速干免熨衬衣，已被手工纺织呢或合成面料所取代，这些合成面料很先进，看上去自然天成。仅仅用上羔羊毛的面料已不够时髦了：它必须至少和开司米混纺。

每个时代都会有人叫嚷"时装已死"，但事实上，时装的角色已经发生急剧的变化。今天，时装主宰了我们的媒体；它是每个人都买得起的梦想，即便你穿着由"慈善商店买来的时髦服装"，也不打紧。不论我们在哪儿买衣服，买的是什么样的衣服，周围的人看着总是觉得漂亮，情人眼里出西施；即便你戴着有色隐形眼镜。

场上的服装一律一个模样，那反面的情况就是手工技艺和家庭手工业的重现，这些都是国际时装大师无法竞争的。小的精品时装店，专门出售设计独一无二、在家里用缝纫机缝制的服装，这是服装市场中发展极快的新领域，年轻一辈的设计师则游离于以品牌为基础的时装之外。

由于顾客变得越来越苛刻，市场上服装的质量水准整体上正不断提高。人们生造了一些词汇，如"低调豪华"，用以描述简洁朴素的开司米背心，这种背心看起来并不振奋人心，但借其固有的缝制质量和面料质量，穿上颇能唤起人的信心。山羊绒（pashmina）披肩是一种精良的开司

克里斯坦·约翰逊（Kirsten Johnson）和不可或缺的山羊绒披肩。

1987年
世界人口达到50
亿，是1950年的
两倍。

1990年
人类基因组工程启动，
世界各地的科学家相互
合作，试图勾勒出人类
基因的全貌。

1994年
三名好友从英国伦敦坐
计程车到南非开普敦，
整个行程费时四个多
月，车费为40210英
镑。

20世纪80年代至2000年
时装地图集
四城故事

只不过是化妆品
的一鳞半爪。

试想一下，你有10万英镑可以用来买衣服。并且，幸得时装女神之助，你有机会周游列国，探访那些重要的时装之都。热情的店家会展示最优雅和最俗气的服装，全是时装界为满足顾客需要而提供的。

纽约

第一站先访问纽约。中城的Barney，Bergdorf和Saks百货店，是令全世界倾慕的地方。买上一些比亚洲要便宜的化妆品和美容用品，再买一些名牌服装，如克雷恩和劳伦。对那些痴迷名牌又精打细算的人来说，Canal街是假冒时装的天堂：15美元买假冒的Rolex，再挑一个Prada背包；看起来都不错，但不多久商标就脱落了。最后逛逛苏豪区和格林尼治村的精品时装店，有精致的旧式服装，和崭露头角的设计师服装。

米兰

乘有轨电车去市中心，你有可能和一名要赴约会的模特儿一同拉着吊带站在车里。这个城市有两条主要的购物街，一条是Via Della Spiga大街，Prada和D&G的老家便在这里；另一条是Via Montenapoleone大街，Gucci和Versace的店外，吸引了一巴士一巴士的日本游客。如果这两处地方都不中你的意，方圆一英里内坐落着许多商店，出售一些时装高手设计的最好的衣服。有两件事值得记一记：一是意大利国产的高档商品常常要比国外的便宜；二是尽管这座城市让人害怕，商店的售货员仍是欧洲最友善的（即便你穿着一套牛仔服和一件旧汗衫）。

从只逛不买到挨店挨铺地挑，金字招牌意味着花不多的钱买来一些雅致。

1995年
据英国气象官员的说法，这是有史以来气温最高的一年，引起了人们对全球气候变暖的忧虑。

1998年
东欧的模特儿走俏，这些新星是从莫斯科、克拉科夫和布拉格街头挑来的。

1999年
Breitling Orbiter号是作环球飞行的第一个载人气球。

从巴黎跳蚤市场到伦敦的购物女子，银行经理的噩梦。

巴黎

米兰的时装店装有烟灰色的玻璃，铺着洁净的米色地毯，实在胜人一筹。而在典型的巴黎时装店里，女店员会越过夹鼻眼镜瞥一眼周围的顾客，然后偷偷地从木制抽屉里摸出一件完美的花边内衣。再有，如果珠宝首饰不对胃口，有一种新型的零售店，如Collette，会投合时装行家（即受害者）的喜好，卖给他们国际上优秀设计师的精品。这些精品是搭配一些较便宜的小玩意出售的，对那些有意节食的人，还会搭上一个相当矫情的水吧。

最后，来巴黎游玩的人，没有不去Tati走一走的。这是一家平价百货商店，其方格布购物袋里装着各种各样的宝物，譬如15英镑一套的皮牛仔服；它还廉价出售成堆的衣服，这与在这座城市随处可见的彬彬有礼的店员，形成一个可笑的对比。一头扎进去，去挑你的精品服装吧，当它只值5英镑时，谁还会在意它破不破呢？

伦敦

最后一站是伦敦，很Cool的英国时装的发源地。逛逛一些最好的低价连锁店，如Top Shop, Warehouse和Oasis，以普通消费者都承受得起的价格，买一些被时装天桥剔掉的最好的服饰。这座城市有数不清的小精品店，专门出售一次性的和设计新颖的衣服，你在其他地方是见不到的。记住，伦敦是由一系列村庄构成的，毗连地区有可能像不同国家那样截然不同，每个地区都有追求时髦的去处：如果你想购买西装，就去Savile Row；想买件印度纱丽，就去Southall。同样，如果你能忍受那些慕名到诺丁山小道溜达的游客，Portobello周五和周六的市集是看伦敦的好去处，价格贵些，但好玩儿，这里以旧式服装和二手衣服而闻名。如果名牌服装对你来说很重要，就不妨先到Knightsbridge，那里有Harrods和Harvey Nichols两家百货商店。

索引

照片来源

AKG, London: 14T, 15 (Victoria and Albert Museum), 26T, 26B, 26/27, 27, 40/41, 42T, 43, 66,111T

AKG, London/Gunter Rubitzch: 110

The Bridgeman Art Library, London: 36T (Dreweatt Neate Fine Art)
The Bridgeman Art Library/Stapleton Coll: 12T & 34 (R. Schall), 40

Corbis, London: 14B (Leonard de Selva), 20 (Michael S. Yamashita), 21B (Rupert Horrox), 33B (Henry Diltz), 38T (Roger Ressmeyer), 39 (Lynn Goldsmith), 45 (Philadelphia Museum of Art), 64T (Genevieve Naylor), 73T (Henry Diltz), 78T, 79B (Photo B.D.V.), 88T, 93B (Roger Ressmeyer),109 (Richard Olivier), 112 (Lynn Goldsmith), 113 (Mike Laye), 119B (Roger Ressmeyer), 133 (Lily Lane), 137T & 137B (AFP), 140BL (Dave Houser), 140BR (Elio Ciol),141TL(Gail Mooney)

Corbis/Bettmann: 29T, 54, 56b, 68, 69, 90, 99T, 102T

Corbis/Hulton-Deutsch Coll: 17B, 25R, 31T, 35TL, 38B, 60T, 61, 72M, 76/77, 84L

Corbis/Underwood & Underwood: 25L, 37

e.t. Archive, London: 17T (Victoria and Albert Museum), 44T, 51B, 59B, 88L

Christopher Moore, London: 67T, 78B, 79T, 82B, 86, 87, 89B, 94T, 114B, 115, 116, 117L, 117R, 124T, 126T, 130, 131L,132/133,134T, 134B, 136T, 139T

Rex Features, London: 11T, 16, 22T, 22/23, 28B, 52TR, 53B, 56T, 57, 62, 70L, 71T, 74, 75, 82T, 85, 89T, 92, 96T, 96B, 97, 98, 99B, 106TR, 106B, 108R, 111B, 116, 119, 120T, 121,122/123, 124B, 126R, 127, 128, 136, 139B, 141TR

British Vogue © Condé Nast Publications: 21T (Neil Kirk), 30 (Balkin), 35B (Cecil Beaton), 46B (Irving Penn), 48L, 49B & 49T (all Eugene Vernier), 50L (Henry Clarke), 51L (Cecil Beaton), 52 (David Bailey), 53t (Neil Knight), 58BL, 58ML & 58T (all Louisa Parry), 63b (Arthur Elgort), 64/65 (Eric Boman),70T (Clifford Coffin),71b (Arthur Elgort), 91R (Peter Knapp), 98b, 100L (Barry Lategan), 104 (Andrea Blanch),105, 106L (Michel Momy), 107T (Clive Arrowsmith), 129 (Andrew Lamb), 131R (Neil Kirk), 132 (Peter Lindburgh),140T (Cleo Sullivan)